30초마다 쌓이는 위스키 핵심 지식 50가지

30초
위스키

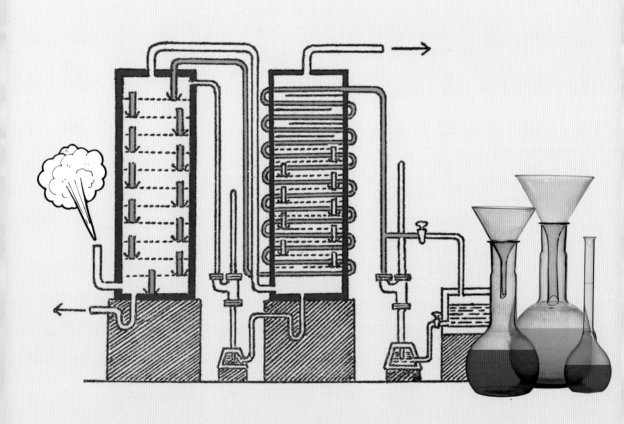

30초마다 쌓이는 위스키 핵심 지식 50가지

30초
위스키

이안 벅스톤 서문
찰스 머클레인 엮음
서정아 옮김

빚은
책들

30초 위스키

찰스 머클레인 엮음 | 서정아 옮김

초판 1쇄 발행일 2023년 11월 30일
초판 2쇄 발행일 2024년 1월 12일
펴낸이 이숙진
펴낸곳 (주)크레용하우스
출판등록 제1998-000024호
주소 서울 광진구 천호대로 709-9
전화 (02)3436-1711
팩스 (02)3436-1410
인스타그램 @bizn_books
이메일 crayon@crayonhouse.co.kr

30-SECOND WHISKY
© 2017 Quarto Publishing plc
This edition published in the UK in 2017
by Ivy Press, an imprint of The Quarto Group
All rights reserved.
Korean edition © 2023 Crayonhouse Co. Ltd.
Korean translation rights are arranged with
Quarto Publishing Plc through AMO Agency, Korea

＊빛은책들은 재미와 가치가 공존하는 ㈜크레용하우스의 도서 브랜드입니다.
＊KC마크는 이 제품이 공통안전기준에 적합하였음을 의미합니다.

ISBN 979-11-7121-030-5 04590

차례

머리말

이안 벅스턴

나는 30년 가까이 주류 산업에 종사해왔다. 매우 유명한 싱글 몰트의 마케팅 디렉터였고, 대규모 위스키 산업 컨퍼런스를 창설했으며, (폐허 상태의) 증류소를 우연히 매입했고, 여러 곳의 방문자 센터를 건설했으며, 브랜드 컨설팅을 진행하고, 10권에 가까운 책을 저술했다. 게다가 음주를 업으로 삼아왔다. 고된 일이지만 누군가는 해야 할 일이다.

따라서 나는 위스키는 어느 정도 안다고 생각한다. 그렇지만 여전히 배울 게 많다. 처음에 나는 이 모든 지식을 작은 책 한 권에 압축하겠다는 계획에 의심을 품었다. 다루어야 할 내용이 너무나 많다. 위스키 관련 책 수백 종류가 존재할 정도니까 말이다. 심지어 그중 어떤 책은 매우 자세한 내용을 담고 있다. 그 모든 정보를 160쪽 분량으로 요약할 수 없다고 생각했다.

그러나 내 생각이 틀렸다. 물론 이 작업을 하려면 최고의 작가로 이뤄진 팀이 필요했고, 그 작업은 누구보다 뛰어난 찰스 머클레인의 주도하에 이루어졌다. 그의 글은 통찰력 있고 명쾌하다. 이 책은 놀라운 성과이며 나는 동료의 작업에 경의를 표한다.

이 책은 재미있을 뿐 아니라 권위 있고 실용적인 전문 지식이 돋보이면서도 감탄이 나올 정도로 간결하다. 완벽한 위스키 입문서인 동시에 지식이 풍부한 위스키 애호가에게도 흥미로운 내용이 많이 포함돼 있다. 필요한 부분만 찾아보거나 처음부터 끝까지 읽을 수 있는 책이며, 신속한 지침서이자 새로운 정보의 원천으로서 가치가 있다. 읽고 나서 추가 연구를 할 수도 있다. 이 책은 방대한 영역을 다루고 있지만 놀랄 만큼 간결하며, 짧은 인터넷 글들이 넘쳐나는 오늘날 보기 드문 지혜와 전문 지식을 담고 있다.

《30초 위스키》는 위스키의 정수를 담고 있으며 확실히 영원한 즐거움을 줄 만한 책이다. 한 잔의 위스키를 따라놓고 자리에 앉아 읽기를 강력히 추천한다. 단 넉넉히 따라놓고 시작하라. 이 책을 한번 읽기 시작하면 중단할 수 없으니 말이다. 영원히 빛날 로버트 번스의 말대로 "자유와 위스키는 함께 간다!" 상쾌한 위스키의 재치와 지혜를 마음껏 즐겨보기를 자신 있게 추천한다.

위스키를 즐기는 방법은 다양하다.
위스키의 음미에 관해서는
140쪽을 참고하라.

소개

찰스 머클레인

위스키에 흥미로운 시대가 찾아왔다. 길고 파란만장했던 위스키 역사에서 이렇게 많은 활동이 이루어졌던 적은 없었다. 스코틀랜드, 아일랜드, 미국, 캐나다, 일본 5대 위스키 생산국에서 지금처럼 많은 신생 증류소가 문을 열고 기존 증류소가 확장하는 일은 없었다. 그외 지역에서도 이렇게 많은 증류소가 문을 연 적이 없다. 세계 방방곳곳에서 증류소가 우후죽순으로 생겨나고 있다(2017년 기준).

전통적인 생산국의 현황을 살펴보자. 2004년부터 스코틀랜드에서 21개 증류소가 문을 열었고, 추가로 44개의 증류소가 계획되거나 건설 중인 것으로 알려졌다. 아일랜드에서는 증류소 숫자가 3개에서 12개로 네 배 증가했다. 현재 가동 중인 일본 증류소도 6개에서 12개로 두 배 늘어났으며, 캐나다 증류소도 (8개에서 40개 남짓으로) 급증했다. 게다가 미국에서는 영세 증류소를 포함해 200개 이상의 증류소가 최근에 생겨났다고 추정된다.

이처럼 낙관적인 분위기는 앞으로 수십 년 동안 국제 위스키 수요를 예측하게 한다. 그러나 수요 예측은 세계 경제, 국제 정세, 알코올 판매 규정, 재정 계획, 유행을 비롯해 산업이 통제할 수 없는 요인 때문에 정확하지 않을 수 있다. 마케터들이 최대한 정확히 예측하기를 바랄 수밖에 없다. 1990년 이후 위스키에 대한 관심이 꾸준히 이어지다가 최근 들어 폭발적으로 증가하는 추세다. 이러한 현상에는 여러 가지 요소가 작용했다. 첫째로는 선택지가 많이 늘어났다는 점이다. 특히 싱글 몰트위스키(주로 스코틀랜드산이지만 일본과 그 이외 지역의 신생 증류소에서 생산된 위스키)와 스카치 이외의 고급 위스키(소량 생산된 버번과 라이 위스키, 최근에는 아이리시 단식 증류 위스키) 등 각각 독특한 풍미를 갖춘 위스키를 입수하는 것이 가능해졌다.

1970년에는 30종의 싱글 몰트 위스키만 유통됐으며, 그 가운데 다수가 '흔치 않은' 제품이었다. 1980년에 이르면 그 종류가 두 배로 늘어났고 1990년대에는 다양한 싱글 몰트가 빗발치듯 쏟아져 나왔다. 오늘날에는 한 해 동안 출시되는 신제품의 수를 가늠하기조차 불가능하다. 분명 500종은 넘을 것이다.

풍미 바퀴는 위스키의 향을 세분화해 보여주며 제대로 된 위스키 음미에 도움을 주는 도구다. 자세한 내용은 146쪽을 참조하라.

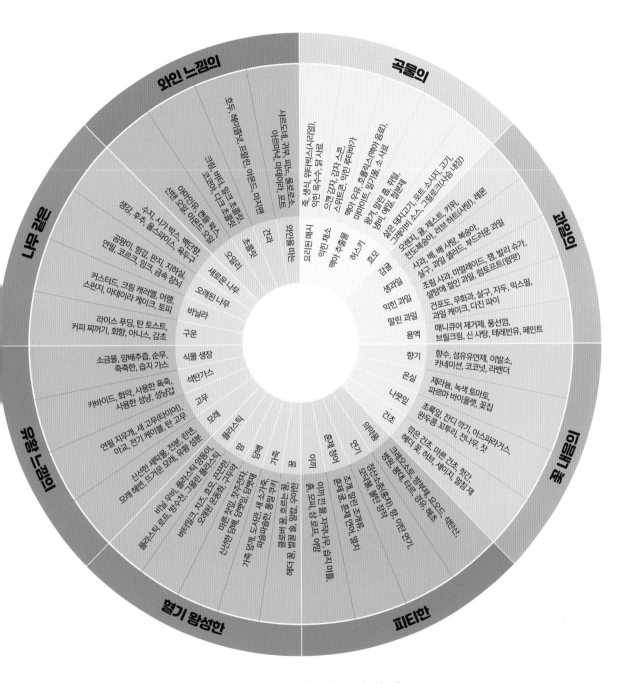

<위스키 매거진>의 풍미 바퀴

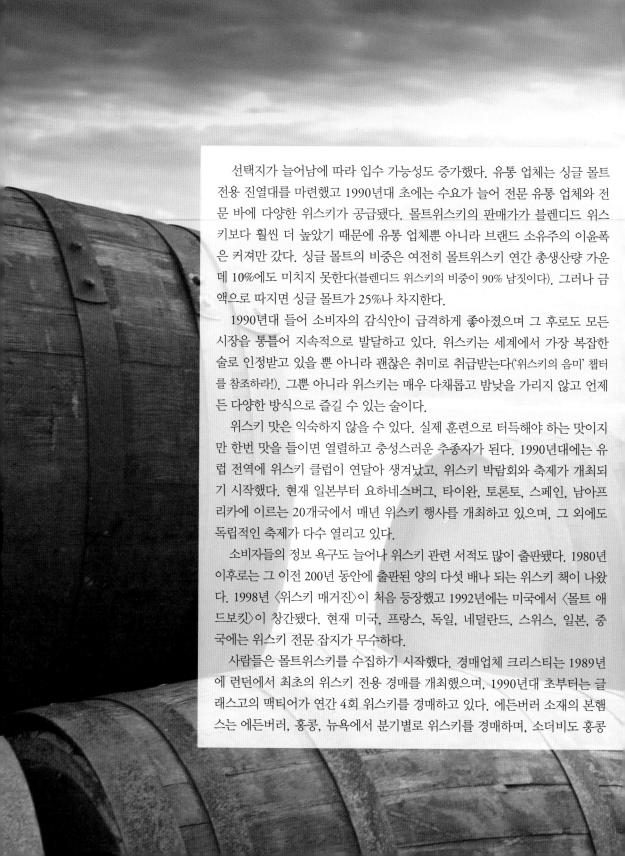

　　선택지가 늘어남에 따라 입수 가능성도 증가했다. 유통 업체는 싱글 몰트 전용 진열대를 마련했고 1990년대 초에는 수요가 늘어 전문 유통 업체와 전문 바에 다양한 위스키가 공급됐다. 몰트위스키의 판매가가 블렌디드 위스키보다 훨씬 더 높았기 때문에 유통 업체뿐 아니라 브랜드 소유주의 이윤폭은 커져만 갔다. 싱글 몰트의 비중은 여전히 몰트위스키 연간 총생산량 가운데 10%에도 미치지 못한다(블렌디드 위스키의 비중이 90% 남짓이다). 그러나 금액으로 따지면 싱글 몰트가 25%나 차지한다.

　　1990년대 들어 소비자의 감식안이 급격하게 좋아졌으며 그 후로도 모든 시장을 통틀어 지속적으로 발달하고 있다. 위스키는 세계에서 가장 복잡한 술로 인정받고 있을 뿐 아니라 괜찮은 취미로 취급받는다('위스키의 음미' 챕터를 참조하라!). 그뿐 아니라 위스키는 매우 다채롭고 밤낮을 가리지 않고 언제든 다양한 방식으로 즐길 수 있는 술이다.

　　위스키 맛은 익숙하지 않을 수 있다. 실제 훈련으로 터득해야 하는 맛이지만 한번 맛을 들이면 열렬하고 충성스러운 추종자가 된다. 1990년대에는 유럽 전역에 위스키 클럽이 연달아 생겨났고, 위스키 박람회와 축제가 개최되기 시작했다. 현재 일본부터 요하네스버그, 타이완, 토론토, 스페인, 남아프리카에 이르는 20개국에서 매년 위스키 행사를 개최하고 있으며, 그 외에도 독립적인 축제가 다수 열리고 있다.

　　소비자들의 정보 욕구도 늘어나 위스키 관련 서적도 많이 출판됐다. 1980년 이후로는 그 이전 200년 동안에 출판된 양의 다섯 배나 되는 위스키 책이 나왔다. 1998년 〈위스키 매거진〉이 처음 등장했고 1992년에는 미국에서 〈몰트 애드보킷〉이 창간됐다. 현재 미국, 프랑스, 독일, 네덜란드, 스위스, 일본, 중국에는 위스키 전문 잡지가 무수하다.

　　사람들은 몰트위스키를 수집하기 시작했다. 경매업체 크리스티는 1989년에 런던에서 최초의 위스키 전용 경매를 개최했으며, 1990년대 초부터는 글래스고의 맥티어가 연간 4회 위스키를 경매하고 있다. 에든버러 소재의 본햄스는 에든버러, 홍콩, 뉴욕에서 분기별로 위스키를 경매하며, 소더비도 홍콩에서 정기적으로 위스키를 경매하고 있다.

희귀한 일부 옛날 위스키는 엄청난 고가에 거래되고 있다. 1960년산 가루이자와 위스키 한 병이 2015년 홍콩 경매에서 3만8954파운드에 팔렸으며, 같은 경매에서 하뉴 증류소의 54병짜리 '카드' 시리즈가 37만7374파운드에 거래됐다. 62년 된 달모어는 2005년 비공개 경매에서 (당시 최고가인) 3만2000파운드에 팔렸다가 2011년 싱가포르에서 15만 파운드에 거래됐다. 맥캘란 한 병은 2014년 홍콩 경매에서 28만 파운드에 낙찰됐다. 2008년 이후 위스키는 계속 주식시장을 능가하는 수익을 내왔으며 투자자도 소비자와 수집가 사이에서 희귀한 위스키를 찾아다니고 있다.

이 책의 편집자로서 내가 처음 한 일은 위스키 입문에 필요한 50가지 주제를 선정하는 것이었다. 그런 다음 각 분야의 전문가인 동료 열 명에게 개별 주제를 맡겼다.

이 책은 총 7개의 챕터로 나뉘어 있다. 각 챕터는 용어 설명으로 시작하며 업계에서 중요한 역할을 한 인물을 소개하는 항목도 포함돼 있다. 예상대로 첫 번째 챕터 '정의'에서는 위스키의 기원을 탐구하고 전 세계의 다양한 위스키를 설명한다. '위스키의 역사' 챕터에서는 5대 위스키 생산국에서 생산된 위스키의 역사적 토대를 간단히 살펴본다. '위스키 생산' 챕터는 몰트위스키에 초점을 맞추면서도 그레인위스키의 생산과 블렌딩도 다룰 뿐 아니라 스카치몰트위스키의 지역적 차이를 알아보고 주요 생산국에서 나온 위스키의 국가별 차이와 새로운 생산국도 살펴본다. '위스키 사업' 챕터는 구매, 수집, 투자 등 다양한 주제를 아우르며, 마지막 챕터인 '위스키의 음미'는 보관, 서빙, 시향과 시음, 풍미 표현, 음식과의 조화에 대한 지침을 제공한다.

이 책은 백과사전이 아닌 입문서다. 이 책이 세계에서 가장 인기 있는 증류주인 위스키에 대한 관심을 북돋고 위스키를 더 많이 알아가고 맛보고자 하는 열망에 자극제가 되기를 바란다.

슬라인테(건배)!

정의

정의
용어

ABV 부피당 알코올 백분율을 뜻하는 percentage alcohol by volume의 약자로서 미국을 제외한 세계 각국에서 알코올의 강도를 나타내는 척도로 사용된다. 미국에서는 술병에 아메리칸 프루프(American Proof)라는 척도를 표시한다.

거품 검사 beading test 알코올의 강도를 확인하기 위한 원시적인 방법으로 액체를 세게 흔들어 거품이 일어나는 형태를 관찰한다. 액체가 50%ABV 미만이면 거품이 잠깐만 일며 초과하면 떠올랐다가 흩어진다.

단식 증류기 pot still 1회분씩 작동하는 증류기. 액체를 채워 기화시키고 불순물을 걸러낸 다음에 다시 액체를 채우는 방식이다. 단식 증류기는 십중팔구 구리가 재료다.

라이 위스키 rye whiskey 미국 고유의 위스키로서 버번(해당 항목 참조)과 비슷한 방식으로 만들어지지만 매시빌(mash bill, 곡물을 으깬 혼합물)에서 호밀의 비중이 51% 이상이며 '스몰 그레인(small grains)'이 밀과 맥아 보리라는 점에서 차이가 있다. 일반적으로 캐나디안 위스키와 동의어로 쓰이지만 사실상 캐나디안 위스키는 블렌디드 라이 위스키다.

버번 bourbon 옥수수의 함유량이 51% 이상인 매시빌과 그보다 적은 양의 호밀과 밀을 재료로 한 위스키. 대개 옥수수 함량이 80% 정도다. 이때 쓰이는 호밀과 밀을 '스몰 그레인'이라고 부른다. 80%ABV 이하로 증류해 불에 그슬린 흰색의 새 오크통에서 숙성시켜야만 버번이다. 미국 내 어느 지역에서나 제조할 수 있다.

블렌디드 그레인 위스키 blended grain whisky 두 곳 이상의 증류소에서 나온 그레인위스키를 혼합한 술.

블렌디드 몰트위스키 blended malt whisky 두 곳 이상의 증류소에서 나온 몰트위스키를 혼합한 술.

블렌디드 스카치 위스키 blended Scotch whisky 몰트위스키와 그레인 위스키를 혼합한 술이다. 대개 5종류에서 50종류에 이르는 위스키가 사용된다.

블렌디드 위스키 blended whiskeys 미국의 블렌디드 위스키는 라이 위스키나 버번 위스키 등의 스트레이트 위스키(straight whiskey, 한 가지 곡물이 51%를 넘으며 도수가 80%를 넘지 않는 위스키)에 주정을 혼합한 술로서 스트레이트 위스키의 비율이 20% 이상이어야 한다. 캐나디안 위스키는 전형적인 블렌디드 라이 위스키로서 한 가지 곡물(옥수수, 호밀, 밀, 보리)로 만든 위스키에 충분한 숙성을 거쳐 도수가 약해진 위스키(주로 옥수수 위스키)를 혼합한 술이다.

비중 specific gravity 기준 물질 대비 액체, 고체, 기체의 상대적인 밀도. 액체의 경우에는 물이 기준 물질이다.

싱글 그레인위스키 single grain whisky 증류소 한 곳의 연속식 증류기에 밀 위주의 곡물 혼합물을 증류한 위스키.

싱글 몰트위스키 single malt whisky 증류소 한 곳의 단식 증류기에 맥아 보리만을 증류한 위스키.

아쿠아 비테 aqua vitae '생명의 물'을 뜻하며 스코틀랜드 게일어로는 '우시커 베하(uisge beatha)'로, 아일랜드 게일어로는 '이시커 바하(uisce beatha)로 번역된다.

알렘빅 alembic 어원은 아랍어 알람비크(al'ambiq)다. 호리병 모양의 단지와 탈부착 가능한 뚜껑에 증기를 응축하는 '새부리' 형태의 주둥이가 달린 증류 장치다.

액체 비중계 hydrometer 액체의 밀도를 측정하기 위해 개발된 기구.

연속식 증류기 continuous still 연속적으로 작동하는 증류기로서 1회분씩 작동하는 단식 증류기(설명 참조)와는 차이가 난다. 효율적이고 경제적인 한편 연속식 증류기에서 생산된 술은 단식 증류기에서 생산된 술보다 도수가 약하다. 켄터키 위스키는 '혼합형 연속식 증류기'에서 생산된다. '비어(beer)'로도 불리는 술덧(wssh)이 기둥 모양의 칼럼(column) 증류기에서 (50~0%ABV의 증류주로) 기화된 다음에 물이 담긴 '썸퍼(thumper)'에서 불순물이 걸러지는 과정을 거치거나 단순한 형태의 단식 증류기인 '더블러(doubler)'에서 증류된다.

프루프 proof 과거에 물과 화약을 첨가해 알코올의 강도를 측정하던 방식. 혼합물이 점화하면 '표준 도수(proved 또는 at proof)', 점화하지 않으면 '표준 도수 미달(under proof)', 점화하면서 폭발하면 '표준 도수 초과(over proof)'로 간주됐다. 영국식 임페리얼 도량형으로 100° 프루프는 57%ABV이다. 미국에서는 100° 프루프가 50%ABV를 나타낸다.

위스키란 무엇인가?

30초 핵심정보

관련 주제
다음 페이지를 참고하라
스카치와 그 이외 위스키 18쪽
연금술사 22쪽
위스키의 발명 24쪽

3초 맛보기 정보
전반적으로 다른 나라에서도 몇 가지 사소한 수정을 제외하면 스카치 위스키에 대한 왕립 위원회의 정의를 받아들이고 있다.

3분 심층정보
Uisge beatha는 '우시커 베하'로 발음된다. 이 용어가 평상시에 사용되기 시작한 때는 17세기 초반이다. 1618년경에 uisge라는 줄임말로 사용되다가 1715년 whiskie, 1736년 usky, 1746년에 현재와 같은 whisky로 변화했다. 그러나 증류주의 공식 명칭은 아쿠아 비테나 아쿠아비트(aquavite)였다. 미국과 아일랜드의 증류소는 자신들이 생산한 위스키를 whiskey로 부르고 다른 나라에서는 whisky로 부르는 것이 관례가 됐다. 그러나 이는 법적인 요구사항이 아니다.

'위스키'의 어원은 스코틀랜드 게일어로 '생명의 물'을 가리키는 우시커 베하이며, 라틴어 아쿠아 비테를 번역한 표현이다. 증류주를 뜻하기도 하는 아쿠아 비테가 기록에 처음 등장한 때는 1494년이다. 이때 국왕 제임스 4세가 존 코어라는 수도사에게 아쿠아 비테를 만들 재료로 맥아 8볼(약 500톤)을 하사하라고 명령했다는 기록이 남아 있다. 그 시대 증류 장치의 원시적인 수준을 감안하더라도 맥아 8볼이면 200리터에 달하는 순수 알코올을 얻을 수 있었을 것이다. 국왕이 무슨 이유로 아쿠아 비테를 만들라고 했는지는 확실치 않지만 십중팔구 '약으로 쓸' 목적이었을 것이다. 1908년, 1909년 영국 왕립 위스키 위원회는 "으깬 곡물에서 얻는 증류주이며 (중략) 스코틀랜드에서 증류되면 스카치 위스키, 아일랜드에서 증류되면 아이리시 위스키"라는 말로 위스키에 대한 법적인 정의를 내렸다. (주목할 점은 이들이 whisky가 아니라 whiskey라고 표현했다는 사실이다.) 이 정의대로라면 위스키 재료로 맥아 보리 말고 아무 곡물이나 사용할 수 있으며 어떤 종류의 증류기를 사용하든 합법적인 위스키를 생산할 수 있었다. 1916년에 제정된 '미숙성 증류주법'은 스코틀랜드와 아일랜드에서 생산된 증류주에 '위스키'라는 이름을 붙이려면 3년 동안 숙성시켜야 한다고 규정했다. 그후 위스키 관련 법은 1988년의 '스카치위스키법'과 관련 조례를 통해 개정됐으며 이러한 법 개정은 2009년 '스카치위스키규정'에 의해 통합됐다.

3초 인물
빌 워커(1942~)
술 한 모금 입에 대지 않는 스코틀랜드 의회 의원으로서 의원 개인 자격으로 위스키 관련 법안을 발의한 사람이다. 이 법안은 1988년에 '스카치위스키법'이 됐다.

30초 저자
찰스 머클레인

스코틀랜드 국왕 제임스 4세가 맥아로 대량의 아쿠아 비테를 만들라고 한 확실한 이유는 알 수 없다. 국왕은 연금술을 비롯해 그 시대의 과학 관련 사안에 관심이 컸다.

스카치와 그 이외 위스키

30초 핵심정보

3초 맛보기 정보
전 세계 위스키 대다수는 블렌디드(혼합형) 위스키다. 스코틀랜드에서 만든 위스키만이 스카치로 불릴 수 있으며, 스카치 몰트위스키 가운데 8% 정도만이 싱글 몰트위스키로 보틀링(bottling, 병입)된다.

3분 심층정보
최근 몇 년 새에 스코틀랜드의 증류소 숫자가 급속도로 늘어났다. 2004년 이후로 23곳이 문을 열었고 그 이외에도 이 글을 쓰는 현재 42곳이 문을 열기로 되어 있다. 다른 지역의 상황도 마찬가지다. 같은 기간 동안 아일랜드의 증류소는 3곳에서 12곳으로 증가했으며, 미국에는 200개나 되는 증류소가 새로 문을 열었다. 현재 유럽의 모든 나라가 위스키를 생산하고 있다.

스카치 위스키에는 5가지 종류가 있다. 먼저 싱글 몰트는 증류소 한 곳의 단식 증류기에서 맥아 보리로 만드는 위스키다. 싱글 그레인 역시 증류소 한 곳에서 싹이 트지 않은 밀이나 옥수수와 소량의 맥아 보리를 섞어서 만든 위스키다. 그 이외에 블렌디드 몰트, 블렌디드 그레인, 블렌디드 스카치가 있다. 전통적인 아이리시 위스키는 순수 증류주(퓨어 포트 스틸) 또는 단식 증류주(싱글 포트 스틸)에 속하며, 맥아 보리와 싹이 트지 않은 보리를 으깬 재료로 단식 증류기에서 만드는 술이다. 최근까지만 해도 블렌디드 아이리시 위스키(순수 단식 증류주에 호밀, 밀, 〔드물게〕귀리 등의 곡물을 연속식 증류기에서 증류한 그레인위스키를 혼합한 술)에 밀려 찾아보기 어려웠다. 아일랜드는 단식 증류 몰트위스키와 연속식 증류 그레인위스키도 생산한다. 미국 위스키 대부분은 혼합형 연속식 증류기로 생산된다. '버번'이나 '라이(호밀)'라는 이름을 붙이려면 51% 이상의 해당 곡물이 함유된 위스키를 미국산 새 오크통에서 숙성해야 한다. 테네시 위스키도 같은 방식으로 생산되지만 층층이 쌓은 단풍나무 숯에 여과하는 과정이 추가된다. 블렌디드 라이 위스키나 버번은 라이 위스키나 버번에 49% 이하의 주정(희석하여 마실 수 있는 에틸알코올)을 혼합한 술이다. 블렌디드 아메리칸 위스키는 최대 80%의 주정을 함유할 수 있다. 캐나디안 위스키는 보통 '라이' 위스키로 불리지만 각각 옥수수, 호밀, 밀, 보리로 만든 위스키 여러 종류를 혼합해 만든다.

관련 주제
다음 페이지를 참고하라
아일랜드 96쪽
버번 98쪽
테네시 위스키 100쪽
캐나다 102쪽
일본 104쪽

3초 인물
조지 워싱턴(1732 ~ 1799)
미국 초대 대통령인 조지 워싱턴은 나중에 미국 최대의 증류소를 운영하기도 했지만 1794년에 일어난 위스키 반란을 진압했다. 해당 반란은 신생 국가이던 미국의 안정을 위협한 사건이었다.

30초 저자
찰스 머클레인

미국, 캐나다, 아일랜드, 스코틀랜드, 일본은 위스키를 가장 많이 생산하는 5대 국가다.

증류주의 도수
30초 핵심정보

3초 맛보기 정보
프루프는 알코올 음료에 함유된 에탄올의 양을 뜻한다. 미국에서는 프루프를 중량으로 계산하며 다른 지역에서는 부피 단위(ABV)로 표시한다.

3분 심층정보
18세기에는 증류소의 면허세가 증류기의 1일 생산량을 추정해서 책정됐다. 이에 대응하려고 증류소들은 한층 더 빠르게 작동하는 증류기를 설계했다! 정밀한 액체 비중계가 존재하지 않는 한 증류주 안에 함유된 에틸알코올의 양을 기준으로 세금을 책정하는 일이 불가능했다.

오래전부터 사람들은 '강도 분석'이나 '순도 분석' 같은 실험으로 순도를 파악하는 일에 공을 들였다. 증류주는 조잡한 방법들이 동원됐는데 심지어 술이 담긴 병을 세게 흔들어 거품의 형태를 보는 '거품 검사' 같은 방법도 있었다. '화약 검사'가 가장 흔히 사용됐다. 증류주와 화약을 섞은 다음에 물에 적신 혼합물에 불이 붙으면 그 증류주는 '표준 도수'인 것으로 간주됐다. 불이 붙지 않으면 '표준 미만의 도수'로 취급됐다. 1675년에 로버트 보일은 순도 분석 도구인 '일반 액체 비중계'를 발명했다. 이 기구를 이용하면 알코올과 물의 혼합물 같은 액체의 비중(상대적인 밀도)을 측정할 수 있었다. 1730년에 존 클라크가 보일의 액체 비중계를 개량한 기구를 내놓았고 1787년 영국 세무국이 이를 채택했다. 그러나 그리 정밀하지 못한 기구였고 증류업자들이 당밀 등의 액체를 추가해 측정치를 조작해도 밝혀낼 길이 없었다. 바솔로뮤 사이크스가 1802년에 개발한 액체 비중계는 한층 더 개선된 형태였고 1817년 정부가 채택해 오랫동안 표준 도구로 사용했다. 그러다 1980년에 액체의 밀도를 측정하는 전자 도구가 개발되면서 영국을 비롯한 유럽 연합 전역에서 표준 알코올 도수를 뜻하는 '프루프'라는 말은 '부피당 알코올의 백분율(%ABV)' 또는 그 줄임말인 %Vol로 대체됐다. 미국은 여전히 프루프라는 척도로 증류주의 도수를 나타낸다. 예를 들어 100프루프는 50%ABV다.

관련 주제
다음 페이지를 참고하라
위스키는 어떤 술일까? 16쪽

3초 인물
로버트 보일(1627~1691)
아일랜드 출신 영국의 과학자로서 '액체 비중계'라는 용어를 고안했다.

존 클라크(~1789년 사망 추정)
스코틀랜드의 기구 제작자로서 액체의 밀도를 측정하는 비중계를 최초로 발명했다.

바솔로뮤 사이크스
(~1803)
1774년부터 1783년까지 간접세 세무국의 서기관으로 일했다. 클라크의 비중계보다 개량된 기구를 찾는 경연대회에서 우승했으나 상금 2000파운드를 수령하기도 전에 사망해 그 돈은 아내에게 전달됐다.

30초 저자
찰스 머클레인

로버트 보일이 1675년에 발명한 액체 비중계는 위스키 등 액체에 함유된 물과 알코올의 상대적인 밀도를 측정하는 기구였다.

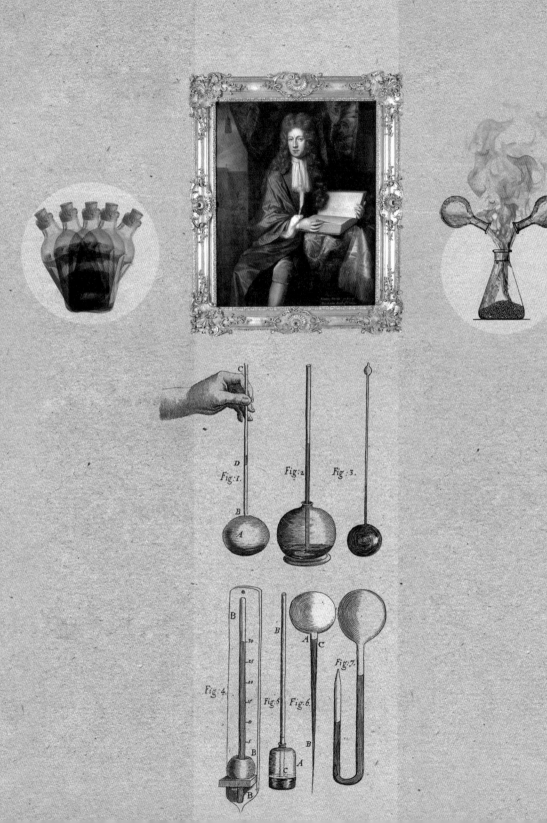

Fig: 1.

A

B

C

D

Fig: 2.

Fig: 3.

Fig: 4.

B

B

30

25

20

15

10

5

B

Fig: 5.

B

A

C

Fig: 6.

A

C

B

Fig: 7.

300년대 초반
알려진 바로는 사상 최초의 연금술 서적이 등장하다. 이집트의 신비주의자인 파노폴리스의 조시모스가 쓴 책이다

455
로마가 반달족에게 함락되면서 서구 세계에서 로마 제국의 권위가 떨어지다

711
이슬람을 믿는 무어인들이 이베리아 반도를 침략하다

720~1258년경
이슬람의 황금기. 칼리프 (caliph, 이슬람 군주)가 인류의 모든 지식을 아랍어로 번역할 계획을 세우다

850
게베르로도 알려진 자비르 이븐 하이얀의 다양한 논문과 책들이 라틴어로 번역되어 《완전한 총서(De Summa Perfectionis)》로 집대성되다

850
알 킨디의 <키타브 알-아스라르(비밀의 책)>에 초기 형태의 증류기에 대한 정보가 있다

854~925
페르시아의 연금술사 라제스가 살던 기간이다. 칼리프국의 중심부에 있던 바그다드 병원의 수석 내과의사이기도 했던 라제스는 《시르 알 아스라르(비밀 중의 비밀)》이란 책을 썼다

936~1013
에스파냐에서 활약한 이슬람 외과의사이자 초기 형태의 증류소를 운영한 아불카시스가 살던 기간이다

1175~1232년경
마이클 스코트가 살던 기간이다. 스코틀랜드 출신 이지만 해외에서 연금술사, 아랍어 번역가, 유럽 최초의 의과대학인 살레르노 의과대학의 강사 등으로 활동했다

1220~92년경
로저 베이컨이 살던 기간이다. '경이로운 박사 (Doctor Mirabilis)'로도 불린 베이컨은 잉글랜드의 프란치스코회 수도사이자 연금술사였다

1290년경
에스파냐의 가톨릭 계통 화학자이자 아랍어 번역가이던 아르날두스 데 빌라 누에바가 유럽 최초의 증류 교본을 쓰다

1300년대 초반
킬케니 대성당에서 저술된 《오스라거의 붉은 책 (Book of Ossory)》은 아일랜드 기록 최초로 증류 과정과 아쿠아 비테 (생명의 물)를 언급한다

연금술사들

오래전에는 라틴어 동사 distillare가 '흘리다'의 뜻으로만 쓰였다. 아리스토텔레스 시대 이후로 자연과학자들은 액체의 정수만 걸러내려고 시도했다. 다양한 문화가 흥망을 거듭하는 동안 고대 헬레니즘 후기 시대의 사상가들이나 알렉산드로스 대왕이 정복한 이집트 전역을 휩쓴 영지주의 기독교 신학과 이슬람 철학에 심취한 사람들은, 옷감으로 액체를 여과하거나 주전자로 끓인 액체를 냉각기로 응결시키는 등의 방법으로 얻은 초창기 증류액을 자연계의 철학적 정화를 통해 얻은 결과물로 보았다. 오늘날, 연금술사들을 영생을 얻고 값싼 금속을 금으로 '정화'하려던 사람으로 기억하지만 연금술사 중 상당수가 본질적으로는 초기 화학자였다(심지어 영어로 이 두 단어는 어원도 같다). 그러나 연금술사들이 살던 시대에도 연기 자욱한 연금술 실험은 미신에 가깝다는 느낌을 주었고 특히 과학과 신학이 불가분의 관계를 맺고 있던 세계에서는 그런 경향이 두드러졌다.

가장 오래된 연금술 문헌을 쓴 사람은 영지주의 계통의 신비주의자 조시모스다. 그는 증류를 세례에 비유할 정도였다. 조시모스는 증류기로 추정되는 장치를 최초로 묘사한 사람이기도 하다(그에 따르면 유대교는 마리아라는 선배 연금술사의 발명품이다). 그러나 그 시대의 비효율적인 냉각 장치와 약한 유리를 감안할 때 물보다 더 불안정한 액체를 증류하는 것은 불가능했다. 따라서 조시모스는 알코올을 증류할 수 없었을 것이다.

이집트의 신비주의자들은 그렇다 치고, 증류는 사실상 이슬람 황금기의 뛰어난 내과의사들이 고안한 것이라고 할 수 있다. 칼리프국이 확장을 거듭하면서 아라비아, 페르시아, 북아프리카, 에스파냐, 이집트 등의 지식을 흡수한 시대다. 페르시아의 연금술사 라제스는 자신의 저서 《비밀 중의 비밀》에서 그 시대 증류기의 기본 부품을 간략하게 설명했다. 더 나아가 그가 섬세한 가열 메커니즘을 고안함으로써 한층 더 정교하게 증류할 수 있었다. 무어인의 에스파냐 정복으로 말미암아 유럽은 이슬람 문화를 가까이서 접하게 됐다. 그에 따라 라제스와 이븐시나 같은 이슬람 연금술사는 물론 로저 베이컨과 마이클 스콧 등의 유럽인 추종자들이 쓴 저서와 논문을 읽는 유럽인들이 많아졌다. 그 과정에서 '동방의 과학'이 유럽 전역의 수도원과 대학에 자리 잡게 됐다.

라제스에서 베이컨에 이르기까지 연금술사들은 동시대인들에게 마법사로 취급받곤 했지만 안개와 신화를 거둬내고 보면 이 증류의 선조들은 뼛속까지 회의주의적이고 과학적인 탐구자들이었다. 연금술사들은 결코 '현자의 돌'을 발견하지 못했지만 오늘날에도 증류기에서 나온 진액을 마시고 마찬가지로 흐릿한 눈동자로 그들을 의심스럽게 보는 것을 보면 그들의 생각이 얼마나 혁신적이었는지 짐작할 수 있다.

피어넌 오코너

위스키의 발명

30초 핵심정보

관련 주제
다음 페이지를 참고하라
단식 증류기의 증류 과정 58쪽

위스키는 증류주가 탄생함으로써 발달하기 시작했다. 증류는 액체를 기화하고 응축해 다시 액체를 분리해내는 과정을 뜻한다. 알렘빅 같은 증류기는 이집트 콥트 교회 신도가 만든 장치를 모델로 삼아 탄생한 장치로서 8~9세기경 이슬람 세계의 연금술사들이 치료 목적으로 재료에서 진액과 향수를 뽑아내고자 만든 것이다. (영어로 연금술을 뜻하는) 알케미, 알렘빅, 알코올은 모두 아랍어 단어에서 유래했다. 알렘빅은 액체가 기화될 때까지 가열해 다른 휘발 물질을 분리해낸 다음 불순물이 제거된 증류액을 냉각해 응축하는 장치이며 훗날 단식 증류기로 진화했다. 따라서 알렘빅이 없었다면 위스키도 탄생하지 못했을 것이다. 무어인이 시칠리아와 이베리아 반도를 점령함에 따라 유럽은 이슬람의 과학을 가까이서 접하게 됐다. 그와 더불어 알렘빅은 순식간에 수도원과 의과대학 곳곳에 보급됐고 그 결과 와인에 적용돼 브랜디 형태의 약용 증류주가 만들어졌다. 이는 생명의 물을 뜻하는 아쿠아 비테로 불렸다. 이 새로운 형태의 술은 현지 재료에 맞춰 변화했으며 이름도 현지어로 바뀌었다. 와인을 손에 넣을 수 없었던 유럽 북부의 게일인(켈트계 부족)은 맥주를 사용해 증류주를 만들기 시작했으며 그렇게 해서 최초의 위스키가 탄생했다.

3초 맛보기 정보
누구에게 묻느냐에 따라 달라지겠지만 위스키는 스코틀랜드인, 아일랜드인, 아랍인, 수도사 모두의 발명품이다. 사실 위스키는 갑자기 발명됐다기보다 발전을 거듭했다고 할 수 있다.

3분 심층정보
중세 이전만 해도 유럽인들은 맥주, 벌꿀 술, 와인 등 발효된 알코올을 마셨다. 그때까지 유럽에는 독한 술이 없었다. 무어인이 스페인을 침략한 중세 초기에 이르러서야 증류주가 유럽에 도달했다. 아일랜드와 스코틀랜드의 수도사가 초기 형태의 위스키를 만들었지만 그들이 증류해낸 위스키의 맛은 오늘날의 몰트위스키와는 거리가 멀었다. 수도원의 위스키는 맑고 숙성이 덜 됐으며 대개 약초와 벌꿀이 함유됐다. 원래는 치료약과 강장제였던 위스키가 사교 목적의 음주에 활용된 것은 그 이후의 일이다.

3초 인물
아르날두스 데 빌라 누에바
(1240~1311년경)
카탈로니아 출신 내과의사 겸 약학자였으며 유럽 최초의 증류 교본을 썼다. 와인을 증류한 아쿠아 비테가 "활력과 창조적인 황홀경을 이끌어낸다"고 주장한 것으로 알려졌다.

30초 저자
피어넌 오코너

증류의 역사는 1000년이 넘는다. 그러나 연금술사와 수도사가 증류한 초창기 증류주는 오늘날 우리가 잘 아는 증류주와는 매우 다른 술이었다.

위스키의 역사

위스키의 역사
용어

금주법 Prohibition 알코올의 제조와 판매를 금지하고자 1920년에서 1933년 사이에 미국에서 시행한 법.

맥아즙 wort 달콤하고 점성이 있는 반투명 액체로서 사실상 발효되지 않은 맥주라고 할 수 있다(3장의 용어 설명 참조).

밀주 moonshine 불법으로 증류한 가내 생산 위스키로서 대체로 알코올 함량이 매우 높다. 미국에서는 '화이트 독(white dog)', 스코틀랜드에서는 '피트릭(peatreek)', 아일랜드에서는 '포틴(poitýn)'으로 불린다.

블렌디드 아메리칸 위스키

blended American whiskey 스트레이트 위스키(5장의 버번이나 라이 위스키 용어 설명 참조)만 20% 이상 함유해야 하며 나머지는 주정으로 이루어진 위스키. 제조비용이 덜 들며 가벼운 바디감과 산뜻한 풍미가 특징이다.

소비세 excise duty 자국에서 생산되고 판매되는 알코올 등의 특정 상품에 부과되는 세금.

소비세법 Excise Act 소비세와 관련해 의회가 제정한 법.

순수 단식 증류주 pure pot still 오늘날에는 '싱글 포트 스틸(single pot still)'이라는 명칭으로 판매되는 아일랜드의 전통 위스키. 싹이 튼 맥아 보리, 싹 트지 않은 보리, 그 이외 곡물을 혼합해 증류한 술로서 뛰어난 풍미를 자랑한다. 그러나 아일랜드 법에 따라 단식 증류기로 제조된 위스키면 모두 싱글 포트 스틸이라는 이름을 붙일 수 있다. 과거에는 순수 단식 증류주가 희귀했지만 아일랜드의 증류주 업체인 아이리시 디스틸러(Irish Distillers)가 2013년부터 몇 가지 브랜드를 추가로 내놓았다.

술덧 wash(워시) 8%Vol로 발효된 맥아즙으로서 도수가 세고 홉이 없는 맥주와 비슷하다.

스트레이트 위스키 straight whiskey 직역하면 물이 전혀 첨가되지 않은 위스키를 뜻하지만 엄밀하게는 미국에서 버번과 라이 위스키의 법적 규정(1장의 용어 설명 참조)에 따라 제조된 '스트레이트 버번'과 '스트레이트 라이' 위스키를 뜻한다.

지게미 draff 곡물을 으깨고 난 다음에 남는 겉껍질과 찌꺼기. 영양분이 풍부하여 가축 사료로 쓰이기도 하는 지게미는 젖은 상태로 현지 농가가 수거하거나 사료공장에 전달돼 증류 찌꺼기와 혼합되고 건조된 후에 알갱이 형태의 동물 사료로 제조된다.

칼럼 증류기 column still 코피 증류기나 특허 증류기로도 불리는 연속식 증류기의 미국식 명칭. 12~15미터 높이의 길쭉한 구리 기둥(column) 한 쌍으로 이루어졌다는 이유에서 칼럼 증류기로 불리게 됐다. 애널라이저(analyser)로도 불리는 첫 번째 기둥은 술덧에서 증류주를 분리해내는 역할을 한다. 렉티파이어(rectifier)로 불리는 두 번째 기둥은 증류주를 응축하고 불순물을 걸러내는 역할을 한다. 정제 정도에 따라 최대 5개의 기둥으로 이루어지기도 한다(60쪽의 연속식 증류 참조).

코피 증류기 Coffey still 에네아스 코피가 1830년에 발명해 특허 받은 증류기라서 '특허 증류기(patent still)'로도 불린다(30쪽 참조).

스카치의 역사

30초 핵심정보

1823년에 제정된 소비세법 덕분에 소비세가 절반으로 감소했고 영세한 증류소들이 품질 좋은 위스키를 저렴한 비용에 생산하는 일이 가능해졌다. 1823년부터 1830년 사이에 232개 증류소가 주류 면허를 받았으나 상당수가 1840년대의 대기근 시기에 파산했다. 1844년경에는 169개만이 운영했다. 1820년대 후반 에네아스 코피가 혁신적인 최신형 증류기를 완성함에 따라 (단식 증류기의 경우와는 다르게) 순도가 매우 높고 도수가 센 증류주를 생산할 수 있게 됐다. 코피 증류기는 곡물 증류주를 만들던 업체에 도입됐다. 그러나 그 결과로 탄생한 술은 단식 증류기에서 생산된 몰트에 비해 풍미가 밋밋했다. 이에 증류주 업체는 발 빠르게 그 두 가지 술을 혼합해 일관된 풍미와 품질을 자랑하는 스카치를 만들어냈다. 이 시기에 대형 블렌딩 하우스 상당수의 기반이 마련됐다. 이러한 블렌딩 하우스를 세운 사람들로는 앤드루 어셔, 존 듀어, 조니 워커, 매슈 글로그, 아서 벨, 조지 밸런타인, 윌리엄 티처 등이 있다. 1880년대와 1890년대에는 그 아들들이 블렌디드 스카치를 적극적으로 공급했다. 당시 몰트 증류소의 주요 고객은 블렌딩 하우스였으며 싱글 몰트는 찾아보기 어려웠다. 그러다 1900년경에 블렌디드 스카치의 수요가 급감했다. 블렌디드 스카치는 제2차 세계대전이 발발하며 다시 유행했고 이러한 추세는 상당 기간 이어졌다. 그러나 1970년대에 다시 한번 수요가 꺾이면서 증류소들은 앞다퉈 싱글 몰트위스키를 출시하기 시작했다.

3초 맛보기 정보
현존하는 몰트 증류의 기록은 1494년까지 거슬러 올라가며 상업적인 형태의 대규모 증류소는 1770년대에 나타났으나 오늘날과 같은 위스키 산업은 1823년에 시작됐다.

3분 심층정보
스카치 위스키는 굴곡진 역사를 지녔다. 1823년 이후에는 주류 면허를 받은 증류소가 급증했으나 1840년대에 급감했으며 1890년대의 스카치 열풍은 1900년에 갑작스레 잦아들었다. 제2차 세계대전 직후에 다시 한번 수요가 급증했으나 1970년대 수요가 꺾였다. 2005년부터는 스카치 산업이 사상 유례가 없는 호황을 경험하고 있다. 2004년 이후로 23개의 신생 증류소가 문을 열었고 추가로 42개 증류소가 문을 열 계획이다. 그러나 이 같은 유행이 오래 지속될까?

관련 주제
다음 페이지를 참고하라
밀주 제조 32쪽
블렌딩 하우스 116쪽

3초 인물
에네아스 코피(1780~1852)
더블린 소비세국의 장비 감사관이었던 코피는 스코틀랜드 일류 증류소의 후손 로버트 스타인이 발명한 연속식 증류기를 개량했다.

앤드루 어셔 1세(1782~1855)
'위스키 블렌딩의 아버지'로 불리는 어셔는 1853년에 최초의 블렌디드 위스키인 올드 배티드 글렌리벳을 내놓았다. 그는 아내에게서 기량을 전수받은 것으로 알려졌다.

30초 저자
찰스 머클레인

에네아스 코피의 연속식 칼럼 증류기는 위스키 생산을 획기적으로 바꾸어놓았으며 대형 블렌딩 하우스의 탄생으로 이어졌다.

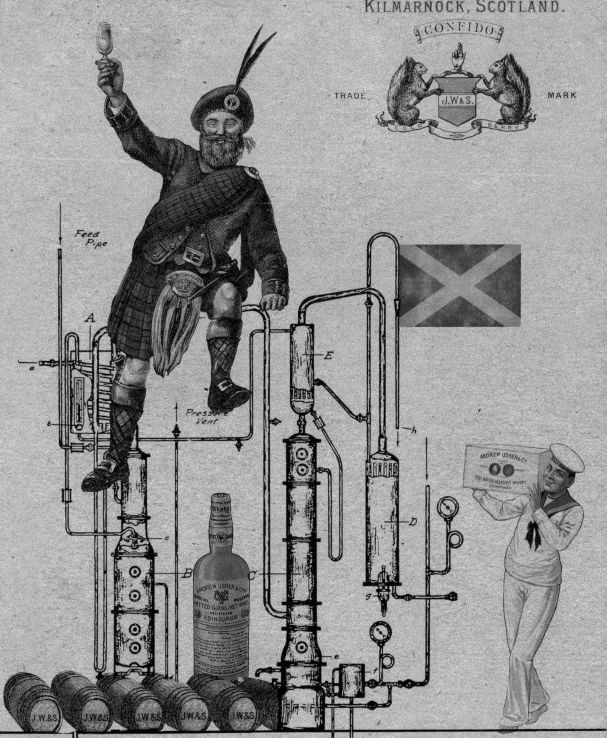

밀주 제조

30초 핵심정보

관련 주제
다음 페이지를 참고하라
스카치의 역사 30쪽

3초 인물
알렉산더 고든, 4대 고든 공작
(1743~1827)
스코틀랜드 북부에서 가장 넓은 토지를 소유한 지주였으며 1820년 의회에 소규모 증류소의 면허 취득을 장려하는 법을 제정하자고 제안했다. 그렇게 해서 탄생한 소비세법은 현대 위스키 산업의 토대가 됐다.

30초 저자
찰스 머클레인

3초 맛보기 정보
'스머글링(smuggling)'은 엄밀히 말해 '불법으로 물건을 수입 또는 수출하거나 비밀리에 옮기는' 행위를 뜻하지만 스코틀랜드에서는 위스키를 불법으로 증류하는 행위 역시 스머글링이라 한다.

3분 심층정보
증류는 농사에서 빼놓을 수 없는 활동이었다. 남는 곡물을 증류하면 곡물이 썩거나 쥐에게 갉아 먹히는 일을 방지할 수 있었다. 더욱이 증류주는 돈을 받고 팔거나 다른 물건과 교환할 수 있었다. 게다가 남은 곡물 찌꺼기는 겨울 동안 스코틀랜드 하일랜드에서 유일하게 얻을 수 있는 가축 사료였다. 하일랜드의 경제는 가축 없이 지탱될 수 없었으므로 농민들은 법을 어겨가면서까지 증류를 감행할 수밖에 없었다.

최초의 소비세법은 1644년 1월 31일에 스코틀랜드 의회를 통과했고 "나라 안에서 판매되는 독한 아쿠아 비테의 파인트당" 세금을 매겼다. 소비세는 수입산 술과 국내산 술에 동등하게 적용됐으나 판매되는 술에 국한됐다. 1781년까지는 마을이나 지주가 직접 재배한 곡물을 가정에서 마시려고 증류하는 행위는 법으로 허용됐다. 그러다 1781년에 이러한 행위가 금지되자 '나라가 온갖 밀주 제조로 들썩였다'. 지주들은 소작농에게 위스키 판매를 허용하면 농지 임대료를 걷기가 수월해진다는 사실을 잘 알았다. 따라서 지주이기도 한 치안판사들은 법을 어긴 이들에게 관대한 처분을 내렸다. 게다가 고지대인 하일랜드는 단속이 불가능했다. 1782년에 2000개에 가까운 증류기가 압수된 후에도 2만1000개의 증류기가 계속 작동된 것으로 추정된다. 더 나아가 영국이 프랑스에 선전포고를 한 1793년 이후에 관세가 급속도로 높아지며 밀주는 걷잡을 수 없이 퍼져 나갔다. 1815년 이후에 당국과 지주 계층은 공화주의와 무정부주의를 점점 더 두려워 하게 됐다. 밀주가 성횡하는 상황에서 다른 법이라고 무사하리란 법은 없었다. 의회는 어쩔 수 없이 법을 개정해 소규모 증류소가 위스키를 생산하고 판매해 적당한 이윤을 남길 수 있도록 허용했다. 그러자 지주들은 밀주 제조로 유죄를 받은 소작농을 자신의 농지에서 퇴출하는 식으로 불법 증류를 단속했다. 그 결과 탄생한 법이 1823년의 소비세법이다.

4대 고든 공작인 알렉산더 고든은 고지대 주민이 불법 증류를 포기하고 면허를 취득하게 하는 데 공헌했다.

아이리시 위스키

30초 핵심정보

아일랜드 사람들이 오래전부터 증류주를 약 대신에 마셨다는 기록은 존재하지만 즐기는 용도로 증류주를 마신 사람은 《클론맥노이즈 연대기 (1405)》에 처음 등장한다. 아일랜드의 역사서를 번역한 이 책에는 리시타드 맥그랜넬이라는 사람이 "생명의 물을 폭음"했기 때문에 죽었으며 이 술이 "그에게는 죽음의 물"이 되고 말았다는 내용이 담겨 있다. 그리 순조로운 출발은 아니었지만 영국 정부가 민가에서 증류하지 못하도록 단속하기 시작한 1500년대에 이르면 증류주는 일상적으로 즐겨 마시는 술로 자리 잡는다. 그 시대에는 싹이 튼 잉여 곡물이 위스키의 재료였으며 증류기에서 갓 나온 술에 약초를 조금 곁들여 바로 마셨던 것으로 보인다. 1700년대에 가정에서 만든 위스키가 금지되고 전문적인 증류소에 소비세가 매겨지고 맥아에까지 세금이 부과되면서 위스키 생산은 중단됐다. 농민 대부분은 법을 무시했고 각자 '소량의 증류주'를 만들었는데 이러한 불법 위스키는 '포틴'이라고 불렸다. 그러나 궁극적으로 허가받은 신흥 증류소가 등장해 위스키 신화를 만들어냈을 뿐 아니라 맛을 결정지었다. 이들은 세금을 피하려고 덜 여물고 싹이 트지 않은 보리를 혼합함으로써 걸쭉하고 톡 쏘는 맛의 위스키를 만들어냈다. 어찌나 큰 인기를 끌었던지 이들의 비법은 맥아세가 폐지된 후에도 그대로 남았다.

관련 주제
다음 페이지를 참고하라
금주법 40쪽

30초 저자
피어넌 오코너

3초 맛보기 정보
위스키의 산실 아일랜드는 수백 년 동안 불법 밀주에 흠뻑 젖어 있었음에도 세계에서 가장 훌륭한 몰트위스키와 단식 증류 위스키를 생산함으로써 명성을 회복했다.

3분 심층정보
19세기 아일랜드의 퓨어 포트스틸 증류소들은 스카치 판매량을 세 배나 앞지르며 천하무적이 된 듯했다. 이들은 속성으로 생산된 곡물 위스키와 블렌디드 위스키는 거들떠보지도 않았다. 하지만 블렌디드 위스키의 유행과 미국의 금주법, 아일랜드 독립전쟁의 발발은 아이리시 위스키 산업의 붕괴라는 최악의 상황을 이끌어냈다. 살아남은 증류소는 결국 1960년대에 부드러운 맛의 블렌디드 위스키를 내놓았다. 아이러니하게도 부드러운 블렌딩이 몰트와 아일랜드 단식 증류 블렌딩의 부활을 이끌었다.

아이리시 위스키 산업은 한때 세계에서 가장 인기 있는 위스키를 생산해냈지만 19세기 후반에 큰 타격을 받아 몰락하고 말았다. 그리고 최근 수십 년 동안 다시 인기가 급상승하고 있다.

DUNVILLE'S
FOR
REALLY
OLD
WHISKY

CORK
DISTILLERIES Co
LTD.
WHISKY

아메리칸 위스키

30초 핵심정보

3초 맛보기 정보
아메리칸 위스키는 미국 안에서 생산된 위스키를 포괄하는 용어이며 곡물과 물의 혼합물을 증류한 술이다.

3분 심층정보
'스트레이트 위스키'는 160 프루프(80%ABV) 이하로 증류해 2년 이상 오크통에서 숙성한 위스키이며 오크통에 넣을 때 도수가 125프루프(62.5%ABV) 이하여야 한다. 다른 증류주, 첨가제, 색소가 혼합돼서는 안 된다. 연방규정집에서 정한 '스트레이트 위스키'의 조건을 준수하는 각각의 위스키에는, 버번이나 라이 위스키를 예로 들면 '스트레이트 버번'이나 '스트레이트 라이'라는 이름을 붙일 수 있다.

위스키가 미국에서 언제부터 증류됐는지는 정확히 알 수 없지만 유럽을 비롯해 세계 각국에서 온 이주민들이 증류 기법 등의 정보를 가지고 들어온 것만은 분명하다. 미국증류주위원회(DISCUS)는 "1640년에 뉴네덜란드 식민지의 총독이었던 빌럼 키프트는 증류주가 스태튼 아일랜드 안에서만 생산돼야 한다고 판단했다. 식민지의 수석 증류업자(마스터 디스틸러)였던 빌헬름 헨드릭센은 옥수수와 호밀을 이용해 술을 만들었다고 전해진다. 네덜란드인들이 진의 제조법을 개발한 것은 10여 년 후의 일이므로 헨드릭센이 생산한 증류주는 일종의 위스키였을 것"이라고 밝힌다. 미국연 규정집 27편에는 '아메리칸 위스키'의 법적 정의가 나온다(스코틀랜드와 캐나다식 맞춤법인 'whisky'가 사용된 것에 주목하라). "발효된 곡물과 물의 혼합물을 190프루프 미만으로 증류한 술로서 일반적으로 위스키의 맛, 향, 특징으로 알려진 요소를 지니며 (숙성이 필요 없는 옥수수 위스키를 제외하고) 오크통에서 숙성돼 80프루프 이상일 때 병입된 알코올성 증류액"이라는 것이다. 그런 다음에 버번, 라이, 밀, 몰트, 옥수수, 블렌디드, '스트레이트 위스키'에 대한 구체적인 정의가 나온다.

관련 주제
다음 페이지를 참고하라
스카치와 그 이외 위스키 18쪽
증류주의 도수 20쪽
블렌딩 66쪽
버번 98쪽

30초 저자
개빈 스미스

아메리칸 위스키와 버번은 호밀, 밀, 보리, 옥수수 등 4가지 곡물을 재료로 취할 수 있다,

BOURBON CORDIAL.

1780년
로버트 새뮤얼스가 켄터키
주에서 경작과 증류를
시작하다

1844년
새뮤얼스 가족이 디츠빌에서
증류 사업을 시작하다

1910년
빌 새뮤얼스가 켄터키 주 바즈
타운에서 태어나다

1936년
빌 새뮤얼스가 다시 세워진
디츠빌 증류소의 책임자가
되다

1938년
T.W. 새뮤얼스 앤드 선의
사장에 임명되다

1943년
회사를 그만두다

1953년
로레토에 있는 버크스
증류소를 사들이다

1954년
버크스 증류소에서 위스키
생산이 시작되다

1958년
빨간색 밀랍 봉인을 특징으로
하는 메이커스 마크의 병입이
시작되다

1980년
버크스 증류소가 미국 국립
역사 기념물로 지정되다

1981년
하이럼 워커 앤드 선스에
회사를 매각하고 은퇴하다

1992년 10월
켄터키 주 루이빌에서
세상을 떠나다

T. 윌리엄 '빌' 새뮤얼스는 켄터키 주 바즈타운에서 증류소의 6대손으로 태어났다. 새뮤얼스 가족이 켄터키에 터를 잡은 시기는 로버트 새뮤얼스가 펜실베이니아에서 이주해온 1780년으로 거슬러 올라간다. 그는 켄터키로 와서 농사와 증류를 시작했다. 새뮤얼스 가족은 1844년 디츠빌에서 위스키 생산 사업을 시작했으며 결국에는 공학을 공부한 빌 새뮤얼스가 디츠빌 증류소의 책임자가 됐고 훗날 사장에 올랐다. 이곳은 금주법이 폐지된 1933년에 빌 새뮤얼스의 아버지인 레슬리가 외부 투자자들과 함께 다시 문을 연 증류소였다.

빌 새뮤얼스는 10년 후에 위스키 사업에서 손을 뗐으나 1953년 10월에 로레토의 다 쓰러져가는 증류소를 3만5000달러에 매입하기에 이르렀다. 그곳은 찰스 버크스가 1805년에 설립한 증류소였다. 새뮤얼스는 증류소를 복원한 다음에 스타 증류소라는 이름을 붙였다. 1974년에 증류소 부지는 미국 국립 사적지에 등록됐고 1980년에는 '버크스' 증류소라는 이름으로 국립 역사 기념물에 지정됐다.

일설에 따르면 빌 새뮤얼스는 증류 사업에 나서기 전에 굉장히 파격적인 행위를 감행했다고 한다. 그는 할아버지인 로버트 새뮤얼스의 버번 제조법이 적힌 유일한 종이를 불에 태우는 의식을 치렀으며 그 과정에서 커튼까지 태워먹었다고 한다! 새뮤얼스는 버번의 미래가 부드럽고 덜 독한 술을 만들 수 있느냐 여부에 달려 있다고 확신했으며 보리, 옥수수, 밀 등의 다양한 재료를 조합해 빵을 만드는 실험을 했다. 결과적으로 호밀 대신 겨울 밀을 사용하는 버번 제조법을 택했고 이는 버번 산업 전반에 점진적이지만 큰 변화를 이끌어냈다. 그러면서도 그는 선대의 디츠빌 증류소에서 사용되던 것과 같은 종류의 효모를 그대로 사용함으로써 전통을 이어나갔다.

스타 증류소는 1954년에 첫 버번을 생산하기 시작했고 메이커스 마크 상표가 붙은 버번은 4년 후에 출시됐다. 이 이름을 붙인 사람은 새뮤얼스의 아내 마지였다. 주석 세공품을 수집했던 그녀는 각각의 세공품에 만든 사람의 자부심을 보여주는 '제작자의 표식(메이커스 마크)'이 들어 있다는 사실에 주목했다. 그뿐만 아니라 술병 입구를 빨간색 밀랍에 일일이 담가서 봉인하는 방식도 마지의 아이디어였다. 새뮤얼스는 자신의 스코틀랜드 혈통을 기리는 의미에서 상표에 whisky라는 표기법을 사용하기로 결정했다. 눈에 띄는 사각형 병에 담긴 메이커스 마크는 미국의 유일한 소량 생산 버번이며 단 한 번도 대량으로 생산된 적이 없다. 이 술은 6년 동안의 숙성을 거치며, 그 진한 풍미는 최대한도로 낮은 도수에서 증류하는 생산 방식에서 비롯된다.

1981년에 메이커스 마크는 캐나다의 하이람 워커 앤드 손즈에 팔렸고, 이때는 빌 새뮤얼스가 회사 일에서 손을 떼고 은퇴한 후였다. 그러나 그의 아들인 빌 새뮤얼즈 주니어가 1975년에 사장이자 CEO에 올라 가족의 사업을 인계받으려 했다. 그 역시 2011년 은퇴하고 아들 로브에게 CEO를 물려주었다.

개빈 스미스

금주법

30초 핵심정보

3초 맛보기 정보
미국에서는 1920년부터
13년 동안 술이 말라붙었다.
그러면서 증류 산업이 파괴
됐고 조직범죄가 기승을
부렸다. 어떻게 이 같은
일이 일어났을까?

3분 심층정보
금주법 지지자 중에는
평화주의자가 아닌 사람도
있었다. 캐리 네이션이란
여성은 술집에서 도끼를
휘두르고 선반의 술병을
깨뜨렸으며 "남자들은
니코틴에 찌든 데다 맥주와
위스키로 더럽혀지고
눈이 새빨개진 악마"
라고 울부짖었다. 그녀의
추종자들은 그 도끼의
모형을 기념품으로 판매해서
마련한 보석금으로 네이션을
감옥에서 빼주었다. 한편
알 카포네는 밀주 사업에서
손을 씻은 후에 "내가 한
일이라고는 넘쳐나는 수요를
공급한 것뿐"이라는 말로
자신을 정당화했다.

금주법의 씨앗은 1874년에 '여성기독교금주연맹'
이 뿌렸다. 이 단체의 회장인 프랜시스 윌러드는
찬송가를 부르고 알코올의 위험성을 알리는 식의
평화로운 방법을 지지했다. 그러다 1893년에 '주
류판매반대연대'를 이끌던 웨인 휠러가 여성기
독교금주연맹의 활동에 동참한다. 휠러는 금주
법을 의회의 안건으로 올려놓고자 정계에 상당
한 영향력을 행사했다. 이에 설득당한 미국 정부
는 1919년에 주류를 금지하는 법을 준비하기 시
작했다. 1920년 1월 20일에 국가금주법(볼스테드
법)을 제정해 '주류 생산, 유통, 판매'를 불법으로
규정했다. 약용이나 종교적 목적으로 술을 마시
는 경우만 예외였다. 금주법은 '숭고한 실험'이라
고 불리었지만 처참하게 실패했으며 그로 말미
암아 연간 5000만 달러의 재정 적자가 발생한 것
으로 추산된다. 밀주가 이루어지면서 범죄율이
유례없는 수준으로 폭등했다. 특히 알 카포네 같
은 조직폭력배들이 밀주 판매 대금으로 배를 불
렸다. 일반인들도 가정에서 '목욕통 진'이라 불리
는 밀주를 만들었다. 이런 가정용 밀주는 대부분
독성이 있어서 실명과 사지 마비를 일으키기도
했다. 금주법은 경제, 국민 건강, 윤리 측면에서
최악의 결과를 낳았다. 물론 상황이 언제까지 계
속될 수는 없었다. 1933년 12월 5일, 프랭클린
루스벨트 대통령은 어려워진 경제를 복구하고자
뉴딜 정책을 내놓았고 그 일환으로 금주법 폐지
를 선언했다. '숭고한 실험'이 끝난 다음 위스키
산업은 다시 출발해야 했다.

관련 주제
다음 페이지를 참고하라
아메리칸 위스키 36쪽
캐나디안 위스키 42쪽

3초 인물
캐리 네이션(1846~1911)
미국의 활동가/금주 옹호자

알 카포네(1899~1947)
미국의 악명 높은 조직 폭력배
이자 대규모 범죄 조직 '시카고
아웃핏'의 우두머리

30초 저자
한스 오프링가

*1920년 1월에 금주법이
제정되자 미국 전역에서
술이 말라붙었다.
여성기독교금주연맹은
알코올을 여러 사회 문제의
근원으로 간주했다.*

캐나디안 위스키

30초 핵심정보

관련 주제
다음 페이지를 참고하라
금주법 40쪽
캐나다 102쪽

3초 맛보기 정보
2세기에 걸쳐 형성된 캐나디안 위스키는 밀 제분소의 혁신적인 폐기물 처리법에서 비롯됐다. 이들은 밀 찌꺼기를 재활용해 독특하고 참신한 위스키 스타일을 만들어냈다.

3분 심층정보
캐나디안 위스키는 미국의 어두운 역사를 발판으로 성장했다. 남북전쟁 기간에 미국은 캐나다의 가장 큰 주류 수출국이었다. 그러다가 금주법 제정으로 회색시장이 형성되면서 캐나다의 일부 증류업자가 이윤을 올렸다. 그러나 금주법이 폐지되고 미국에 대한 수출이 감소하자 증류업체 대부분이 파산 위기에 내몰렸다. 1980년대에는 소비자 취향이 위스키에서 백색 증류주로 전환되면서 한때 24곳에 달하던 위스키 증류업체가 7곳만 남았다. 2003년부터 신생 증류소가 새로운 향과 풍미를 더해 판매처를 찾으면서 상황이 호전되고 있다.

원래 캐나다인에게 음주란 럼을 마시는 행위였다. 18세기와 19세기에 아일랜드와 스코틀랜드에서 캐나다로 이주해온 사람들은 럼이 위스키보다 제조하기 쉽다는 사실을 알고, 결국 이들은 럼을 제조했다. 19세기에 잉글랜드와 유럽의 제분업자가 캐나다 중부에 자리를 잡기까지 위스키의 때는 오지 않았다. 이때 나무로 만든 증류기가 사용되면서 이민자들이 본국에서 가져온 소형 구리 증류기를 대체했다. 독일과 네덜란드 출신 이민자들은 그들의 술인 호밀 슈납스처럼 호밀 가루를 첨가해보라고 현지 증류소를 설득했다. 결과적으로 그렇게 해서 풍미가 좋은 위스키가 탄생했고 영어로 호밀을 뜻하는 'rye'가 그 이름으로 사용됐다. 1887년 캐나다는 세계 최초로 위스키 숙성법을 도입했다. 그러자 대규모 상업 증류소가 방금 증류한 술을 파는 영세 증류소들을 압도해버렸다. 그러다가 미국의 금주법 기간 동안 캐나다의 주류 사업가이며 경쟁 관계인 샘 브론프먼과 해리 해치가 새로운 기회를 얻었다. 그들은 미국 범죄 조직의 대리인에게 수입산 위스키와 자국산 위스키를 합법적으로 판매해 큰 이윤을 남겼다. 브론프먼은 '시그램'이라는 세계적인 증류 제국을 건설했다. 해치는 코비, 와이저, 구더햄 앤드 워츠, 하이럼 워커 등 증류소들을 인수했다. 수십 년간 성장을 거듭하던 캐나다 위스키 산업은 1980년대에 이르러 상대적인 침체기에 들어섰다. 현재는 캐나디안 위스키도 다시 한번 도전에 나서고 있다.

3초 인물
하이럼 워커(1816~1899)
날마다 미국에서 캐나다 증류소로 출근해 캐나디안 클럽을 만들어낸 미국의 증류업자

J. P. 와이저(1825~1911)
동물 사육업자이자 한 세기 동안 베스트셀러 위스키를 생산해낸 증류업자이지만 원래 그의 주력 상품은 가축 사료였다.

30초 저자
다뱅 드 케르고모

미국의 사업가 하이럼 워커는 1858년 캐나다 온타리오에 증류소를 세웠으며 캐나다산 위스키 중 가장 많은 수출량을 자랑하는 캐나디안 클럽을 생산해내기에 이르렀다.

일본 위스키

30초 핵심정보

일본이 위스키를 처음 접한 때는 1854년인 것으로 추정된다. 이때 미국의 함대 사령관이던 매슈 페리는 대포로 무장된 군함을 이끌고 일본에 나타나 가나가와 조약(미일 화친 조약)을 '담판' 지었다. 그때 일왕에게 바칠 선물로서 미국산 위스키를 잔뜩 싣고 왔다. 일본에서 서구식 증류주 생산이 시작된 시기는 19세기 말이었지만 이때의 위스키는 풍미나 배합에 신경 쓴 제품이라기보다는 화학주에 가까웠다. 그후 증류에 관심이 있던 화학자 타케츠루 마사타카가 1918년 7월에 위스키 제조법을 익히러 스코틀랜드로 건너갔다. 1921년에 귀국한 그는 곧바로 토리이 신지로라는 위스키 선구자에게 영입됐다. 그렇게 1924년에 일본 최초의 제대로 된 위스키 증류소가 교토 인근 야마자키에 세워졌다. 수질이 좋은 야마자키는 전통술 양조업자들이 선호해온 지역이기도 하다. 그러다 타케츠루는 1934년에 일본 북부 홋카이도의 요이치에 자신의 증류소를 세웠다. 제2차 세계대전이 끝나자 일본산 위스키의 생산이 증가하기 시작했고 1946년에 하뉴 증류소가, 1955년에 카루이자와 증류소가 문을 열었다(다만 하뉴 증류소는 1980년에야 싱글 몰트 생산을 시작했다). 산토리와 닛카 등의 새로운 증류소가 속속 문을 연 가운데 1960년대 후반부터 1970년 초반에 걸쳐 급속도로 성장했다. 일본 위스키는 2001년 이후로 국제 대회에서 전에 없이 높은 성적을 거두어왔으며 그에 힘입어 그 어느 때보다 더 큰 인기를 누리고 있다.

관련 주제
다음 페이지를 참고하라
타케츠루 마사타카 106쪽
위스키 투자 132쪽

3초 인물
매슈 페리(1794~1858)
미국의 해군 함대 사령관이자 외교관으로 일본과 서구 세계의 교류 관계를 수립하고자 했다.

토리이 신지로(1879~1962)
일본의 약재 도매상으로 출발해 현재 세계 3대 주류업체인 산토리의 모태가 되는 주류회사를 설립한 인물

30초 저자
마르틴 밀러

3초 맛보기 정보
타케츠루 마사타카와 토리이 신지로는 일본 위스키 산업의 아버지다. 이들이 각각 설립한 닛카와 산토리는 오늘날까지 위스키 산업을 장악하고 있다.

3분 심층정보
하뉴 증류소와 카루이자와 증류소는 경제 성장기에 세워졌고 경제 침체기에 어려움을 겪다가 2000년에 문을 닫았다(하뉴 증류소는 2021년 증류 재개). 역설적이게도 이들이 만든 싱글 몰트위스키는 희소성은 물론 품질 때문에 경매시장에서 높은 인기를 누리고 있으며 그로 말미암아 일본산 싱글 몰트 자체의 경매 가격이 천정부지로 치솟게 됐다. 2015년 8월 홍콩 본햄스 경매소에서는 카루이자와 증류소의 5627번 캐스크에서 숙성되어 1960년에 병입된 41병 중의 한 병이 91만8750홍콩달러(약 1억3000만 원)에 낙찰돼 최고가를 경신했다.

매슈 페리 함대 사령관이 1854년에 일왕에게 선물로 바친 위스키는 일본이 위스키 산업에 열과 성을 다하고 성공을 거두는 계기가 됐다.

위스키 생산

위스키 생산
용어

그리스트 grist 분쇄된 맥아이며 맥아분(grits), 껍질(husk), 고운 분말(flour)로 구성된다.

당화조 mash tun 그리스트와 뜨거운 물의 혼합물에서 당류를 생성해내는 '당화' 장치. 그리스트 안의 효소가 전분을 여러 종류의 당분으로 전환하며, 이렇게 해서 생긴 당분은 뜨거운 물에 용해돼 '맥아즙(wort)'이 된다.

라우터 당화조 lauter tun 스테인리스스틸로 된 현대식 당화조로서 독일의 양조업계에서 개발됐으며 두 종류로 나뉜다. 불완전 라우터 당화조(semi-lauter tun)는 4개의 회전봉에 수직형 갈퀴가 부착돼 매시를 휘젓는 형태이며, 완전 라우터 당화조(full-lauter tun)는 회전봉의 높낮이 조절이 가능하고 갈퀴를 회전시킬 수 있어 이를 사용하면 공정이 한층 수월해진다.

렉티파이어 rectifier 연속식 증류기의 두 번째 기둥으로서 증류액을 정제하고 알코올 도수를 높이는 역할을 한다.

로와인 low wine 1차 증류기인 워시 증류기(wash still)에서 처음 만들어진 증류액이며 도수는 대략 21%ABV다.

릭하우스 rickhouse 매우 높은 층으로 된 숙성 창고로 주로 켄터키에 있다. 릭하우스는 여름과 겨울의 온도 차이가 극심해 빠르게 숙성되며 특히 꼭대기층으로 갈수록 숙성이 빨라지는 경향이 있다. 이러한 특성 때문에 위스키의 숙성 속도가 층별로 다르다. 미국의 증류소는 층을 옮겨 술통을 보관한 다음에 각 층의 술통을 큰 통에서 혼합한다.

매시 mash 그리스트에 뜨거운 물을 첨가한 것.

맥아즙 wort 당화 이후에 발효하려고 워시백으로 옮기는 액체를 맥아즙이라고 한다. 달고 진득한 반투명 액체인 맥아즙은 사실상 발효되지 않은 맥주라 할 수 있다(wort라는 단어가 양조에 쓰이기 시작한 때는 1000년경으로 거슬러 올라간다).

사워매시 sourmash 버번이나 라이 위스키의 1차 증류가 끝날 무렵에 생기는 무알코올 산성 찌꺼기. 발효조에서 새로운 매시에 혼합돼 전체 발효액의 25% 정도를 만들어낸다. '백셋(backset)'이나 '셋백(setbak)'으로도 불리는 사워매시는 미네랄과 석회가 많은 켄터키의 물에 산패 촉매(souring agent)로 작용하고 발효를 촉진한다.

술덧 wash(워시) 8%Vol로 발효된 맥아즙으로서 도수가 세고 홉이 없는 맥주와 비슷하다.

식감 mouthfeel 액체를 입안에 넣었을 때의 질감. 위스키의 식감을 묘사하는 표현으로는 부드럽다, 크림 같다, 기름지다, 맵다, 톡 쏜다, 개운하다, 떫다, 탄산이 느껴진다 등이 있다.

애널라이저 analyser 연속식 증류기의 첫 번째 기둥으로서 술덧에서 알코올을 분리해내는 역할을 한다. 미국에서는 술덧을 '비어(beer)'라고 부르며 애널라이저를 '비어 증류기(beer still)'라고 한다.

워시 증류기 wash still 단식 증류기에서 1차 증류가 일어나는 장치를 워시 증류기 또는 로와인 증류기라고 부른다. 해당 장치에서는 술덧에서 물보다 끓는점이 낮은 알코올이 분리된다.

워시백 washback(발효조) 발효가 이루어지는 대형 솥. 워시백은 크기가 다양하며 전통적으로 개솔송나무(Douglas fir)라고도 불리는 오리건 소나무로 만들어지다가 현재는 세척하기 쉬운 스테인리스를 재료로 만드는 추세다.

초록 맥아 green malt (물에 불리고 싹을 틔우는) '변형' 과정을 거쳤지만 건조되지는 않은 보리.

포트에일 pot ale 1차 증류를 통해 알코올을 증류해내고 남는 잔여물로서 고단백 성분이다.

'번트에일(burnt ale)'이나 술덧 찌꺼기(spent wash)로도 불리며 대략 4%의 고형물을 포함한다. 포트에일은 증발로 (40~50%의 고형물인) 시럽으로 전환된 후에 지게미(draff)와 혼합돼 동물 사료로 제조된다.

페인츠 feints(후류액) 증류기에서 마지막으로 추출되는 액체. 톡 쏘는 맛이 나고 불순물이 섞여 있는 페인츠는 별도 장치에서 재증류 과정을 거친다.

포어샷 foreshot(초류액) 증류기에서 처음 추출되는 액체. 도수가 세고 톡 쏘는 맛이 나며 불순물이 섞여 있는 포어샷은 별도 장치에서 재증류 과정을 거친다.

프랙션 fraction 증류를 거치면서 알코올과 물의 혼합물이 분리되는 분량.

하트 heart(본류액) 중간에 추출되는 순수한 증류액으로서 술통에 저장된다.

효소 enzymes 살아 있는 유기체가 생산하는 물질로, 특정한 생화학 반응을 일으키는 촉매 역할을 한다. 대부분의 국가에서 위스키의 법적 정의를 만족하려면 곡물 내에서 발생하는 효소(내생 효소)를 포함해야 한다. 단, 캐나다는 곡물 내에 존재하지 않는 (외생) 효소 첨가를 허용한다.

위스키의 원료

30초 핵심정보

몰트위스키는 세계적으로 보리, 효모, 물만을 원료로 한다. 일부 국가에서는 이탄(피트)을 때서 맥아를 말리는데 이런 과정이 맥아가 원료인 위스키에 훈연향을 낸다. 각기 다른 종류의 나무를 때서 맥아를 건조하기도 한다. 스코틀랜드와 아일랜드의 몰트위스키는 증류소 자체 효모를 사용하며 일본에서는 양조장 효모가 첨가된다. 미국의 증류소는 한때 스코틀랜드 증류소가 그랬듯이 효모가 증류주의 특성을 강화한다는 믿음으로 효모 품종을 보존하는 온갖 노력을 기울인다. 과거에는 증류소의 물이 술의 스타일을 결정짓는 요소로 간주됐으나 이제는 그런 의견이 신빙성을 잃었다. 다만 냉각기에 채워넣는 물의 온도가 증류 원액의 질감에 영향을 주는 것은 사실이다. 스코틀랜드와 아일랜드의 그레인위스키는 주로 밀이 원료지만 간혹 옥수수로 된 제품도 있다. 아일랜드의 순수 단식 증류 위스키에는 다른 곡물이 사용된다. 일반적으로 싹을 틔우지 않은 보리에 약간의 밀, 호밀, 귀리를 혼합하는 식이다. '미국의 블렌디드 위스키'에는 주정을 첨가하며 주정의 원료가 되는 곡물에는 제한을 두지 않는다. '스트레이트 버번/라이' 위스키라는 이름을 붙이려면 매시빌에 51% 이상의 옥수수나 호밀을 첨가해야 하는데 일반적으로는 그 비중이 훨씬 더 크다. 캐나디안 위스키는 주재료인 옥수수에 약간의 호밀이 추가되며 밀이 추가되기도 한다. 일본 위스키에는 스카치와 동일한 원료가 사용된다.

관련 주제
다음 페이지를 참고하라
위스키는 어떤 술일까? 16쪽
아일랜드 96쪽
버번 98쪽
캐나다 102쪽
일본 104쪽

30초 저자
찰스 머클레인

3초 맛보기 정보
위스키는 어느 지역에서나 어느 곡물로도 만들 수 있지만 '스카치', '일본' 등의 이름을 붙이려면 해당하는 원산지 국가에서 그 나라의 법적인 규정에 따라 증류돼야 한다.

3분 심층정보
인도는 세계 최대 위스키 생산국이다. 세계에서 가장 많이 팔리는 10대 위스키 가운데 8개 제품이 인도 위스키다(참고로 10대 위스키에는 조니 워커와 잭 다니엘스 같은 위스키가 포함된다). 그러나 '인도 위스키' 대다수가 현지에서 생산되거나 대량으로 수입된 몰트위스키에 '인도 생산 수입 주류(IMFL)'를 혼합한 제품으로서 IMFL은 대개 발효한 당밀, 쌀, 수수, 메밀, 보리로 증류된 위스키다. 품질이 좋은 인도 위스키라도 곡물만을 원료로 한 술이 아니기 때문에 유럽에서는 위스키로 판매할 수 없다.

몰트위스키의 원료가 되는 보리는 (싹이 틀 정도로) 품질이 뛰어나야 하지만 보리의 품종은 풍미보다는 생산량에 영향을 끼친다.

맥아 제조(몰팅)

30초 핵심정보

관련 주제
다음 페이지를 참고하라
매싱 54쪽
발효 56쪽
블렌딩 66쪽

싱글 몰트에는 두줄보리(학명: Hordeum vulgare)만을 사용한다. 싱글 몰트를 제외한 위스키는 호밀, 밀, 옥수수나 이러한 곡물을 혼합한 매시빌을 원료로 사용하기도 한다. 과거에는 증류소가 보리를 직접 재배하거나 자국 보리만 사용하곤 했다. 그러다 수요가 증가함에 따라 잉글랜드, 스코틀랜드, 아일랜드를 비롯한 여러 나라에서 보리를 조달했다. 최근에는 한층 더 많은 알코올을 생산하는 신품종이 속속 개발되고 있다. 위스키 업계는 보리 품종이 위스키의 향에 영향을 준다는 가설을 신뢰하지 않는다. 다만 아직은 이를 주제로 논쟁이 벌어지고 있다. 갓 수확된 보리는 위스키의 원료가 될 수 없다. 단단하고 가공되지 않은 보리를 위스키로 만들려면 싹을 틔워야 한다. 그렇게 해야 알갱이 속에 당으로 전환 가능한 녹말이 생겨난다. 수확한 보리를 2~3일 동안 물에 담가 둔 다음에 따뜻하고 습도가 높은 곳에서 대략 1주일간 싹을 틔운다. 싹이 나기 시작한 '초록 맥아'는 더 이상 발효되지 않으며 가마 안에서 건조된다. 이 단계에서 이탄을 태우면 위스키에 훈연 향이 생긴다. 건조된 맥아를 그리스트로 분쇄한 후 뜨거운 물과 혼합하면 맥아의 녹말이 발효 가능한 당으로 전환된다.

3초 맛보기 정보
보리가 싹을 틔우고 가마에서 건조된 뒤 분쇄를 거치면 싱글 몰트 스카치와 아이리시 순수 단식 증류 위스키의 원료인 '그리스트'가 된다.

3분 심층정보
싱글 몰트위스키의 원료로는 여러 가지 보리 품종이 사용된다. 증류소가 생산량을 최대한도로 뽑아내려면 알갱이가 크고 잘 익은 데다 녹말을 다량 함유하되 질소는 많이 함유하지 않은 보리를 사용해야 한다. 이 같은 요건에 부합하는 보리라면 품종과 원산지는 그리 중요하지 않다. 과거에 스코틀랜드의 대다수 증류소가 인상적인 명칭인 골든 프로미스라는 품종을 사용했다. 오늘날에는 옵틱, 디캔터, 챌리스 등과 같이 회복력이 좋고 병충해에 강한 품종을 선호한다.

30초 저자
찰스 머클레인

두줄보리는 전 세계적으로 온대성 기후권에서 재배된다. 탑과 비슷한 맥아 건조 가마의 지붕은 스코틀랜드 증류소라고 하면 떠오르는 특징이기도 하지만 오늘날까지 사용되고 있는 것은 발베니, 바우모어, 하일랜드 파크, 라프로익, 스프링뱅크를 비롯한 증류소 몇 개에 불과하다.

매싱

30초 핵심정보

관련 주제
다음 페이지를 참고하라
맥아 제조 52쪽
발효 56쪽
숙성 62쪽
블렌딩 66쪽

30초 저자
찰스 머클레인

3초 맛보기 정보
'매시(mash)'는 고대 영어로 '혼합하다(to mix)'를 뜻하던 masc, max, miscian에서 유래한 단어로서 양조와 관련하여 문헌에 처음 등장한 때는 1000년경이다. 이때 'mash-wort'라는 형태로 나타났다.

3분 심층정보
위스키 생산자라면 누구나 적합한 그리스트 얻기가 얼마나 중요한지 잘 안다. 그렇지 못하면 추출 가능한 맥아즙의 양이 줄어들고 알코올의 양도 줄어든다. 실제로 그리스트가 과도하게 분말을 함유하고 있으면 찐득한 죽 형태가 돼 당화조를 막는다. 불투명한 맥아즙은 맥아 풍미가 강한 위스키를 만들어내는 반면 투명한 맥아즙으로 위스키를 만들면 과일과 꽃 향이 느껴지는 위스키가 탄생한다.

위스키 생산의 초기 단계인 분쇄와 매싱은 생산량을 좌우하는 공정이다. 발아 후에 건조된 곡물을 빻으면 거친 그리스트가 만들어진다. 그리스트를 뜨거운 물과 혼합하면 아밀라아제 효소가 활성돼 보리 내부의 녹말을 당으로 전환한다. 그리스트를 뜨거운 물과 혼합하는 장치를 '매싱 머신'이라 한다. 이렇게 혼합된 매시는 무쇠나 스테인리스로 만든, 휘젓는 기구와 밑바닥에 구멍이 숭숭 뚫려 있으며 생산량이 몇 톤에 달하는 당화조 안으로 들어간다. 당화조 안에서 액체가 추출된 매시가 다시 액체를 머금은 상태가 되기도 한다. 과거에는 나무로 만든 노를 사용해 사람이 직접 휘저었으며 이후에는 중심축을 회전하는 전동식 '갈퀴와 가래'가 사용됐다. 아직도 그런 장치를 둔 증류소가 몇 군데 있기는 하지만 대부분 독일의 양조업계에서 개발한 라우터 당화조를 사용한다. 라우터 당화조를 사용하면 수용성 당분을 거의 빠짐없이 추출할 수 있다. 게다가 매시의 밑바닥 찌꺼기를 건드리지 않기 때문에 전통적인 당화조보다 더 섬세한 공정이 가능하며, 결과적으로 투명한 맥아즙을 얻기가 수월하다. 맥아즙은 당분을 함유한 액체이며 이후에 발효 공정을 거치게 된다. 매싱이 끝난 후에 남은 껍질과 곡물은 '지게미(draff)'라고 하며 가축 사료로 쓰인다.

매싱 공정 이후에 남은 껍질과 곡물을 '지게미'라고 한다. 섬유질, 단백질, 지방이 풍부한 지게미는 동물 사료로 사용된다.

발효

30초 핵심정보

3초 맛보기 정보
위스키는 기본적으로 맥주를 증류한 술이다. 한마디로 홉이 없는 맥주를 생각하면 된다.

3분 심층정보
술덧의 발효 시간은 궁극적으로 만들어질 위스키의 풍미에 큰 영향을 끼친다. 1차 발효(효모 또는 알코올 발효)는 48시간 정도면 끝나지만 이때의 술덧을 곧바로 증류하면 일반적으로 곡물 향이 강한 위스키가 만들어진다. 술덧을 하루나 이틀 더 발효하면 산성도가 낮아지고 과일과 꽃 풍미가 형성된다.

'워시' 또는 미국과 캐나다에서 '비어'라고 부르는 술덧을 만들려면 맥아즙을 발효시켜야 한다. 우선 맥아즙을 냉각한 다음 '워시백'이나 발효조라는 발효 장치에 펌프질해서 넣는다. 전통적으로 발효조는 낙엽송, (오리건 소나무로도 알려진) 개솔송나무, (미국은) 삼나무로 만들었으나 오늘날에는 대부분 스테인리스스틸로 된 발효조를 사용한다. 효모를 첨가하면 2~3시간 후에 효모 세포가 술덧의 당분을 먹어치우기 시작하면서 당분이 알코올과 이산화탄소로 전환된다. 발효 과정은 맹렬하게 일어나는 편이다. 술덧이 부글부글 끓어오르면서 워시백에 넘쳐흐르고 이러한 거품은 회전봉이나 '스위처'로 꺼뜨린다. 34시간 정도가 지나면 술덧이 안정되고 효모 세포가 소멸하며 박테리아(주로 젖산간균)가 급격히 늘어난다. 박테리아는 술덧의 산성도를 떨어뜨리고 '말로락틱 발효'라고도 불리는 2차 발효를 가속화한다. 2차 발효는 위스키의 복잡 미묘한 맛과 과일향을 만들어내는 중요한 단계다. 스카치 그레인이나 아메리칸 위스키, 캐나디안 위스키 등과 같이 맥아를 주재료로 사용하지 않는 위스키 증류소는 별도의 압력솥에서 곡물을 익혀 녹말을 부드럽게 만들고 그런 다음에 약간의 맥아를 첨가해 당화 효소를 얻는다. 이처럼 맥아를 주재료로 사용하지 않는 위스키의 발효 시간은 한층 더 짧은 편이다.

관련 주제
다음 페이지를 참고하라
맥아 제조 52쪽
매싱 54쪽

30초 저자
찰스 머클레인

워시백은 전통적으로 낙엽송, 소나무, 삼나무로 만들어졌으나 현대식 워시백은 대부분 스테인리스스틸이 재료다.

단식 증류

30초 핵심정보

3초 맛보기 정보
증류는 알코올을 농축하고
정제하는 과정이다.
위스키의 복합적인 풍미는
증류 원액에 남아 있는
'불순물'에서 비롯된다.

3분 심층정보
각 위스키의 순도와 성격은
알코올 증기가 구리와
얼마만큼 접촉하느냐에
좌우된다. 접촉 정도가
클수록 순도가 높은 데다
비교적 가볍고 (일각의
주장에 따르면) 개성이
덜한 위스키가 만들어진다.
알코올 증기와 구리의 접촉
정도는 (증류기의 크기와
형태, 조종 방식, 냉각기의
종류 등) 여러 가지 요소에
의해 좌우된다. 단식
증류기와 비교해 연속식
증류기는 순도가 더 높은
만큼 한층 더 가벼운 성격의
위스키를 만들어낸다.
미국식 혼합형 증류기도
마찬가지다.

술덧은 발효가 끝나면 도수가 센 맥주와 비슷한 8%Vol 정도가 된다. 발효된 술덧을 워시 증류기에 채워 넣고 비등점이 될 때까지 가열한 다음에 알코올과 물이 분리될 때까지 뭉근히 끓인다. 이 과정에서 알코올은 섭씨 78.4도(화씨 173.1도)에서 기체로, 물은 섭씨 100도(화씨 212도)에서 기체로 변한다. 이때 '로와인(대략 술덧의 3분의 1 분량이고 23%Vol)'이라는 액체가 추출된다. 잔여물은 '포트에일'이라고 부르며 가열·농축해서 가축 사료로 사용한다. 로와인은 바람직하지 못한 불순물을 여러 가지 함유하고 있어 별도의 증류기에서 2차 증류를 거쳐야 한다. 증류주에서 불순물을 제거하기에 가장 적합한 소재로는 구리가 있다. 증류기가 구리로 만들어지는 이유도 그 때문이다. 불순물은 가장 처음 추출된 '포어샷'과 마지막에 추출되는 '페인츠'에서 주로 나온다. 그런 만큼 중간에 추출되는 '하트'를 숙성용으로 저장한다. 하트의 도수는 70%Vol 정도다. 포어샷과 페인츠는 다시 증류 과정을 거친다. 추출되는 술을 어디에서부터 어디까지 저장할지에 대한 판단은 증류기를 조종하는 사람의 경험이 좌우하며 증류소마다 그 기준이 다르다. 아무튼 이는 각 증류소에서 생산되는 위스키의 고유한 특징을 결정짓는 요소다.

관련 주제
다음 페이지를 참고하라
증류주의 도수 20쪽
맥아 제조 52쪽
발효 56쪽
연속식 증류 60쪽

30초 저자
찰스 머클레인

전통적인 단식 증류기는 매시를 가열하는 '가열기', 라인암이라 불리며 알코올 증기를 냉각기까지 전달하는 '증류관', 전달된 알코올 증기를 식히는 '냉각기'로 구성된다.

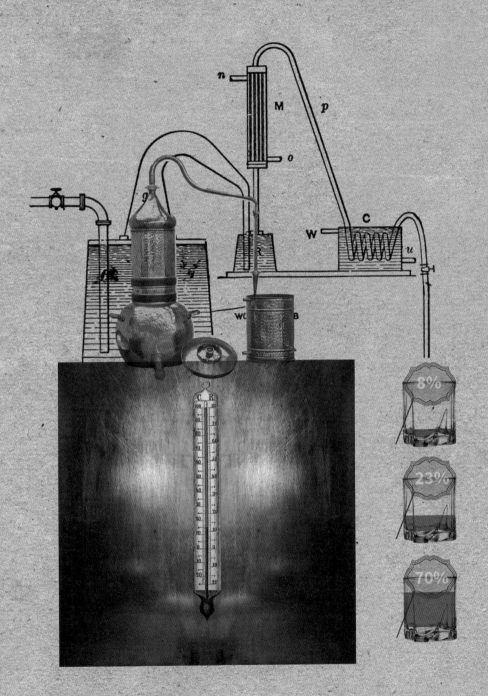

연속식 증류

30초 핵심정보

연속식 증류는 단식 증류기와 마찬가지로 물과 알코올이 각자 다른 온도에서 기체로 변하는 원리를 토대로 한다. 19세기의 초기 형태 연속식 증류기('특허 증류기')는 '애널라이저'와 '렉티파이어'라는 2개의 원통형 기둥으로 이루어졌다. 각각의 기둥은 다공성 선반을 사이에 둔 몇 개의 구획으로 구성됐다. 연속식 증류기는 단식 증류기와 달리 지속적으로 작동하면서 매우 순도 높고 도수가 세며 풍미와 바디감이 약한 증류주를 만들어낸다. 렉티파이어의 맨 위쪽에 차가운 상태로 공급된 술덧은 구불구불한 관을 따라 아래로 내려가며 그 과정에서 밑바닥에서 올라오는 알코올 증기에 의해 데워진다. 이렇게 해서 따뜻해진 술덧은 관을 통해 애널라이저의 꼭대기로 이동한 다음에 다공성 선반을 통과해 액체 형태로 내려간다. 애널라이저의 아랫부분에 채워진 증기가 알코올을 분리해내면 뜨거운 증기가 다공성 선반을 통해 상승한다. 이렇게 상승한 증기는 다시 렉티파이어의 밑바닥으로 내려가고 단단한 선반에 닿을 때까지 상승과 하강을 반복한다. 선반에 닿은 증기는 농축돼 액체로 추출된다. 풍미는 위스키가 숙성되는 술통 내부의 산화 과정에서 형성된다. 연속식 증류기 특유의 경제성은 위스키 제조 과정을 뒤바꾸어 놓았으며 결과적으로 블렌디드 위스키의 탄생으로 이어졌다. (렉티파이어가 부착되어 있는) 혼합형 증류기는 한 번에 두 가지 과정을 진행하며 미국과 아일랜드에서 자주 사용된다.

3초 맛보기 정보

연속식 증류는 미국, 아일랜드, 스코틀랜드, 일본의 그레인위스키와 캐나다의 위스키 주정을 만드는 방식으로 선호되며, 신속하고 경제적인 방식으로 일관성 있고 풍미가 가벼운 증류주를 만들어낸다.

3분 심층정보

프랑스 발명가 셀리에 블루멘탈은 1813년에 최초로 현실성 있는 연속식 증류기를 특허 냈다. 그 결과 증류주 산업에 획기적인 변화가 일어났다. 1828년에 로버트 스타인이라는 스코틀랜드인이 자신만의 연속식 증류기를 개발했고 아일랜드와 스코틀랜드에서의 성공은 당연한 일로 여겨졌다. 그러나 2년 후에 에네아스 코피가 이를 개량한 증류기를 내놓았다. 일부 증류소는 나무로 개별적인 '특허' 증류기를 개발했고 이런 독자적인 증류기를 '코피 증류기'라고 부르곤 했다. 아직도 그와 같은 증류기가 가이아나의 다이아몬드 증류소에서 가동되고 있다.

관련 주제
다음 페이지를 참고하라
단식 증류기 58쪽

30초 저자
다뱅 드 케르고모

현대적인 연속식 증류는 연속식 증류기에 몇 개의 기둥을 추가적으로 연결한다. 솥 몇 개를 관으로 연결해 동시에 끓이는 것과 비슷한 방식이다.

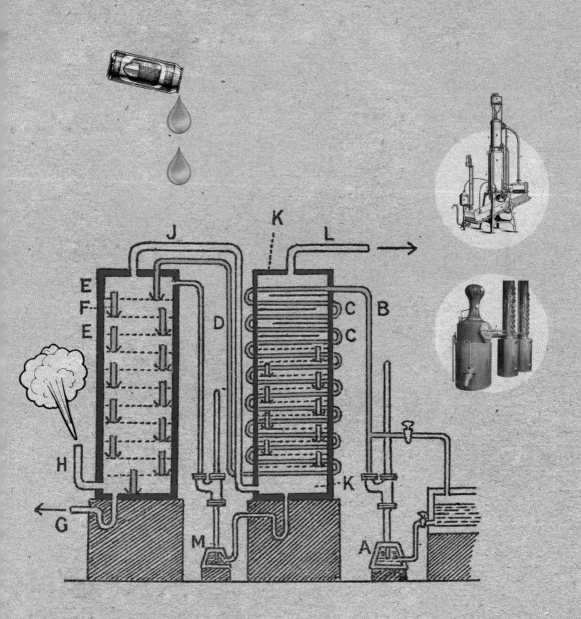

숙성

30초 핵심정보

3초 맛보기 정보
위스키는 오크 캐스크에서 숙성해야 하며 이러한 '번데기' 시기를 거쳐야 애벌레가 나비로 변신한다.

3분 심층정보
원액을 숙성하려면 캐스크 내부를 가열해야 한다. 이렇게 하면 나무 표면 바로 밑에 있는 화학물질의 구조와 구성이 바뀐다. 예를 들어 나무에 열을 가하면 그 안의 헤미셀룰로스와 리그닌 성분이 분해돼 캐러멜, 바닐라, 코코넛 향과 같이 바람직한 풍미를 풍기고 원액에 스며든다. 미국에서는 캐스크를 잠깐 태워 숯을 만드는 과정도 추가한다. 숯은 유황 등 바람직하지 못한 성분을 제거함으로써 원액을 정제하는 역할을 한다.

숙성의 장점이 알려진 때는 최소한 1820년대다. 증류된 술이 3년 이상 숙성되어야만 '위스키'로 불릴 수 있다는 요건은 1916년에야 도입됐으나 그 이후로는 미국을 제외한 세계 각국에서 일반화됐다. 미국에서는 2년 숙성이 허용된다. 캐스크(숙성용 나무 술통)로는 계속해서 오크(참나무) 재질이 선호돼왔으며 1990년부터는 오크만 사용할 수 있다. 1946년에 버번을 담았던 오크 통이 다수 풀리기 전까지만 해도 셰리주의 대량 운송에 이용되던 술통이 캐스크로 쓰였다. 대부분의 증류소는 버번, 셰리, 와인 등 기존에 담겼던 술이 나무로 된 캐스크에 스며들어 나무의 튀는 향과 맛을 없애며 그러한 특징이 원액에 끼치는 영향을 완화한다고 믿는다. 미국의 증류소는 예외다. 버번과 라이 위스키는 법에 따라 반드시 새 나무로 만든 캐스크에서 숙성해야 한다. 이것이 아메리칸 위스키의 고유한 특징을 만드는 비결이다. 캐스크는 단순히 술을 담는 통이 아니라 바람직한 요소를 더하는 역할을 한다. 예를 들어 캐스크에 담길 때 투명하던 위스키에 색을 더하며, 바람직하지 못한 잡내(특히 유황 냄새)를 없앤다. 게다가 오크 나무 덕분에 숨 쉴 수 있게 된 원액이 주변 환경에 반응해 복잡하고 '원숙한' 특징을 얻는다. 캐스크를 여러 차례 사용할수록 그 안에 담긴 원액의 숙성에도 더 오랜 시간이 걸린다. 그러나 수명이 '다했다'는 캐스크를 '재생'하기도 한다.

관련 주제
다음 페이지를 참고하라
맥아 제조 52쪽
발효 56쪽

30초 저자
찰스 머클레인

1916년부터 증류된 원액이 위스키라는 명칭으로 불리려면 최소 3년 동안 오크통에서 숙성을 거쳐야 하는 것으로 정해졌다.

1844
화이트 앤드 맥케이 증류소가
자사의 설립 연도로
주장하는 해

1881
제임스 화이트와 찰스
매케이가 스카치 회사를
설립한 실제 연도. 그들이
그전까지 일했던 무역회사
앨런 앤드 포인터(Allan &
Poynter)의 역사가
1844년으로 거슬러
올라간다고 한다!

1949년 1월 31일
리처드 패터슨이 오랫동안
스카치 위스키와 관련을 맺은
집안에서 태어나다

1966
A. 길리스에 입사하다

1970
화이트 앤드 매케이 증류소로
이직하다

1975
화이트 앤드 매케이 증류소의
마스터 블렌더로 임명되다

2013
병입된 위스키로는 세계에서
가장 값비싼 달모어 패터슨
컬렉션을 창조해 런던
해로즈 백화점에서 98만
7500파운드에 선보이다

2016
스카치 위스키 산업 입문
50주년을 맞이하다

리처드 패터슨은 스카치 업계의 현역 마스터 블렌더 중에서도 가장 권위 있고 노련한 사람으로 꼽힌다. 글래스고의 화이트 앤드 맥케이 증류소에서 활약 중인 그는 뛰어난 후각으로 위스키 평가의 본보기가 되고 있어 '더 노즈(코)'라는 존경심 가득한 별명으로 불리곤 한다. 3대째 블렌더인 패터슨의 할아버지 윌리엄 로버트 패터슨은 1933년 글래스고에 W. R. 패터슨이라는 가족 기업을 일으켜 위스키 블렌딩과 병입을 담당했다. 아버지인 거스 패터슨은 가업을 이어 블렌딩과 병입을 지속하는 동시에 혼자 힘으로 위스키 '중개업자'가 됐다.

리처드 패터슨은 여덟 살 때 위스키의 세계에 눈을 떴다. 이때 그는 쌍둥이 형제인 러셀과 함께 아버지의 손에 이끌려 아버지의 회사인 스톡웰 위스키 본드를 방문했다. 글래스고 소재의 그곳은 캐스크를 비축하고 위스키 블렌딩을 하는 회사였다. 패터슨은 이때 위스키의 향을 맡고 제각각 다른 특성을 말로 표현하는 방법 등 기본 업무를 배웠다! 이처럼 출발부터 순조로웠으며 1966년에 글래스고의 위스키 기업 A. 길리스에 취직하면서 정식으로 위스키 산업에 입문했다. 4년 후에는 화이트 앤드 맥케이로 옮겼고 5년도 안 돼 그곳의 마스터 블렌더가 됐다.

그는 화이트 앤드 맥케이의 주력 품목인 블렌디드 위스키만이 아니라 싱글 몰트 포트폴리오에도 관여해 왔다.

최근에는 놀랍도록 훌륭하고 독특한 표현력을 자랑하는, 때로 놀랄 만큼 값비싼 달모어 위스키를 창조해 왔다. 그 가운데는 1964년부터 1992년 사이에 증류된 21가지 위스키를 엄선해 구성한 달모어 컨스텔레이션 컬렉션(Dalmore Constellation Collection)뿐만 아니라 달모어 트리니타스(Dalmore Trinitas)가 있다. 3병 한정으로 출시된 달모어 트리니타스에는 1868년, 1878년, 1926년, 1939년산 위스키가 엄선돼 있으며, 그 가운데 한 병은 2011년 런던 해로즈 백화점에서 12만 파운드에 판매됐다. 2013년에는 12병짜리 달모어 패터슨 컬렉션이 한정판으로 98만7500파운드에 출시돼 해로즈 백화점에 진열된 바 있다.

패터슨은 달모어 홍보대사라는 세간의 이목을 끄는 역할을 맡아 세계 방방곡곡을 방문해 특유의 현란한 몸놀림과 입담으로 자신이 창조한 위스키를 선보이고 있다. 이를테면 발표회장 여기저기에 얼음 조각을 던지고 파티용 폭죽을 터뜨리는 등의 퍼포먼스가 그의 특징이다. 그러나 이러한 쇼맨십과는 상관없이 그는 위스키 입문자와 초보자들뿐만 아니라 본격적인 애호가들에게 존경받고 높이 평가받는 존재다. 생산일자에 대한 백과사전적 지식을 보유한 것으로 알려졌으며 위스키와 관련된 모든 것과 역사라는 주제에 대한 열정으로 사람들을 끌어당길 뿐만 아니라 아바나산 엽궐련을 애호한다. 완고한 동시에 너그럽고 (긍정적인 의미에서) 철두철미하게 글래스고 사람이다. 패터슨과 함께한 시간은 언제나 기억에 남는다.

개빈 스미스

블렌딩

30초 핵심정보

3초 맛보기 정보
가장 뛰어난 블렌디드 위스키는 "부분의 합은 전체보다 크다"는 말을 구현한 위스키다. 각기 다른 위스키 몇 가지가 배합돼 단일 캐스크의 술에서는 찾아보기 어려운 균형감, 복잡 미묘함, 풍부함을 만들어낸다.

3분 심층정보
증류는 단순한 기계적 공정은 아니고, 블렌딩은 증류와 숙성에서 발생하는 들쑥날쑥한 풍미를 완화하는 과정이다. 사실상 싱글 몰트도 같은 증류소의 몇 가지 몰트위스키가 배합된다는 측면에서 일종의 '블렌디드 위스키'다. 스트레이트 버번도 릭하우스의 각각 다른 층에서 숙성된 옥수수 위스키를 배합한 위스키다. 그러나 블렌디드 위스키라는 '공식 명칭'이 붙은 위스키는 대체로 다양한 증류소의 다양한 위스키가 배합된다. 그렇다면 '블렌디드 몰트'는 무엇일까? 다양한 증류소의 몰트위스키를 배합하되 그레인위스키를 섞지 않은 위스키다.

풍미가 제각각인 다양한 증류소의 위스키를 배합해 브랜드를 창조하며, 배합될 때마다 일관된 풍미와 질감을 내도록 책임지는 재능 있는 장인을 가리켜 '블렌더'라 한다. 스코틀랜드, 아일랜드, 일본의 블렌더는 풍미가 진하며 특성이 제각각인 몇 가지 몰트위스키를 (아일랜드는 순수 단식 증류 위스키를) 숙성한 그레인위스키와 배합한다. 높은 도수로 증류된 그레인위스키에 숙성 과정에서 얻은 풍미를 부여하며 무엇보다도 식감을 개선해 예상 외로 뛰어난 블렌디드 위스키를 만들어낸다. 블렌더는 다양한 몰트위스키를 사용해 훈연, 과일, 꽃 등의 풍미를 이끌어낸다. 풍미가 가장 중요하지만 균형감 역시 간과해서는 안될 요소다. 뛰어난 블렌디드 위스키는 배합물에 그치지 않고 잘 융화된 맛을 전달한다. 일본의 증류소는 다른 증류소의 위스키를 매입하지 않으며 그 대신 블렌디드 위스키에 배합할 원액 전부를 자체적으로 생산한다. 캐나다에서는 한때 증류소 간에 위스키를 거래하는 것이 관행이었으나 1980년대에 들어서 그러한 거래가 급감했다. 오늘날 캐나디안 위스키라고 하면 일본 위스키와 마찬가지로 '증류소 한 곳의 위스키를 배합'한 위스키라고 보는 것이 일반적이다. 캐나디안 블렌디드 위스키에는 몰트위스키 대신 풍미가 풍부한 라이 위스키(또는 옥수수 위스키)가 사용되는 한편 아메리칸 블렌디드 위스키에는 다량의 숙성되지 않은 주정에 소량의 버번이 배합된다.

관련 주제
다음 페이지를 참고하라
블렌딩 하우스 116쪽

3초 인물
윌리엄 유어트 글래드스턴
(1809~1898)
재무대신 시절인 1860년에 제정한 증류주법 때문에 몰트위스키와 그레인위스키가 배합됐고, 결과적으로 위스키 산업 전반이 활성화됐다.

하이럼 워커(1816~1899)
미국의 기업인, 숙성하지 않은 술을 배합하는 '배럴 블렌딩' 방식을 활용했다. 캐나디안 클럽 위스키는 지금도 같은 방식으로 생산된다.

새뮤얼 브론프먼(1889~1971)
캐나다의 기업인, 1939년에 (200번의 시도 끝에 마침내) 50종이 넘는 위스키를 배합한 크라운 로얄을 창조했고 이를 영국의 국왕 조지 6세에게 바쳤다.

30초 저자
다뱅 드 케르고모

마스터 블렌더는 다양한 풍미의 균형을 잡을 수 있어야 한다.

지역별 차이

지역별 차이
용어

3회 증류 triple distillation 술덧에서 나온 로와인을 2번 더 증류하는 기법. 오늘날에는 오큰토션(Auchentoshan), 애넌데일(Annandale), 스프링뱅크 증류소에서만 사용되는 기법이다. 과거에는 3회 증류가 로랜드(Lowlands)를 중심으로 한 지역에서 흔한 관행이었다.

강건한 풍미 robust 바디감이 묵직한 위스키를 가리키는 표현.

기름진 풍미 oily (입천장에 닿을 때의) 식감은 물론 채소, 올리브, 윤활유, 크림, 양초, 무향 비누와 비슷한 향을 묘사하는 위스키 시음 표현.

맥아 저장소 maltings 보리를 맥아로 만드는 장소. 한때는 (맥아 건조 가마 위의 탑 모양 지붕이 증류소의 상징이었듯이) 증류소마다 내부에 맥아 저장소를 두었지만 이제는 주로 증류소 외부의 크고 삭막하지만 실용적인 건물에서 맥아를 제조한다.

밀랍 풍미 waxy 양초를 연상케 하는 식감/질감과 향을 묘사하는 표현. 매우 바람직한 풍미로 평가되며 클라인리시(Clynelish) 싱글 몰트로 대표된다. 지금처럼 증류기 배관을 철두철미하게 세척하지 않던 시대에는 상당히 흔한 풍미였다.

불법 증류기 illicit stills 1781년 이전에 스코틀랜드와 아일랜드에서는 마을의 '은밀한' 증류 행위가 합법적이었다. 적어도 그렇게 증류한 위스키를 판매하지만 않으면 됐다. 그 이후로는 허가받지 않은 증류가 무조건 '불법'으로 규정됐다.

킬달튼 몰트 Kildalton malts 킬달튼 지역은 아일러 섬 남동쪽에 있으며, 포트 엘렌(Port Ellen), 라프로익(Laphroaig), 라가불린(Lagavulin), 아드벡(Ardbeg), 쿨일라(Caol Ila) 등 증류소가 위치한 지역이다. 이곳의 몰트위스키를 '킬달튼 몰트'로 통칭하기도 한다.

탄닌감 tannin 탄닌 때문에 입안이 바짝 마르는 느낌. (홍차에도 있는) 탄닌은 위스키를 숙성하는 오크통에서 생성되는데, 유럽산 오크가 미국산 오크보다 더 많은 타닌을 만들어내는 것으로 알려졌다.

테루아르 terroir 직역하면 프랑스어로 '토양'을 뜻하는 말이지만 특정 지역에서 나오는 풍미를 의미한다. 프랑스의 와인 생산자들은 각 와인의 풍미와 특성이 테루아르에서 비롯된다고 생각한다. 위스키 저술가로 이름난 데이브 브룸은 그보다는 '문화적 테루아르'가 특징적인 풍미를 만들어낸다고 본다. 그가 말하는 문화적 테루아르는 여러 세대에 걸쳐 전수되어온 증류 기법이다.

피트 향 peaty 피트 향은 '훈연 향(smoky)'과 '약품 향(medicinal)'으로 나뉜다. 훈연 향에는 홍차인 랍상소총차(정산소종차), 불에 탄 나무막대, 해변의 모닥불, 이탄 연기, 타르, 크레오소트, 훈제 연어, 훈제 청어, 훈제 홍합 등을 연상케 하는 향이 포함되고 약품 향에는 아마포, 반창고, 소독약, 병원 냄새, 치과의 구강소독제, 요오드, TCP(살균제), 도포액 등의 향이 포함된다.

해안 영향 coastal influences 소금, 미네랄, 해초, 대서양의 신선한 바람, 그 이외 바다와 관련된 후각적 특징을 지닌 위스키를 아우르는 표현. 어디에서 그러한 풍미가 비롯되는지는 의견이 분분하다.

테루아르

30초 핵심정보

관련 주제
다음 페이지를 참고하라
위스키의 원료 50쪽

30초 저자
앵거스 맥레일드

3초 맛보기 정보
위스키 맛의 뚜렷한 차이는 지역적 스타일로 규정된다. 그렇다면 그러한 차이가 발생하는 과정에서 테루아르(환경적 요소)는 위스키 생산자가 예로부터 전수받은 기법이나 지식과 비교해 과연 얼마만큼의 영향을 줄까?

3분 심층정보
광고만 보면 안개, 황무지, 해안 지형이 스카치의 풍미에 영향을 끼칠 것만 같다. 게다가 스카치 광고는 위스키 증류소가 아직도 과거 전통에 사로잡혀 있다는 암시를 하곤 한다. 그러나 기술 발전 덕분에 현대의 증류소는 자사 제품의 풍미를 좌우할 수 있게 됐다. 한편 이러한 전환과 더불어 브룩라디와 스프링뱅크 등의 일부 증류소는 의식적으로 제품과 테루아르의 관계를 되살리려고 노력하고 있다. 두 증류소 모두 현지의 보리를 사용하는 데다 미기후가 독특한 곳에 자리 잡고 있다. 이들은 그러한 요소가 위스키에 반영된다고 주장한다.

테루아르는 환경적 요소(땅의 성질, 기후, 지형)에서 비롯되는 제품 특징을 말한다. 와인에 관해서는 한 그 영향력이 입증됐으나 위스키 관련자들 사이에서는 이견이 분분한 주제다. 테루아르가 중요하다고 보는 측에서는 현지 원료라든가 해안 지형 등의 환경 요소가 위스키의 '테루아르'를 만들어낸다고 주장한다. 반대편에서는 생산 과정에서 환경적 영향이 사라진다고 주장한다. 더욱이 캐스크의 원산지도 그렇고 숙성 지역과 기간 등이 작용하면서 토양이 위스키의 최종 특성에 영향을 끼칠 여지가 한층 더 줄어든다고 말한다. 스코틀랜드의 증류소는 대다수가 테루아르의 영향력이 없다는 입장이다. 실제로 이들은 대개 해외 각국에서 보리를 수입하고 원산지나 맥아 제조 장소와는 동떨어진 곳에서 숙성한다. 그보다는 제품과 장소 사이에 '변형된 테루아르'라는 개념이 적용된다고 보는 것이 현실적이다. 전통적으로 위스키의 특징을 조율하는 주체는 위스키 생산자였다. 그리고 위스키 생산자는 당연히 자신이 거주하는 지역과 관계를 맺으며 그 영향을 받았다. 증류소가 나날이 첨단화함에 따라 환경이 남기는 흔적은 한층 더 줄어드는 추세다. (직접적인 것이든 변형된 것이든) 한때는 감별이 가능했다고도 하지만 테루아르가 스카치의 풍미에 끼치는 영향력은 생산 공정과 캐스크 숙성이 현대화되면서 최소화됐다고 할 수 있다.

테루아르의 존재 자체가 논란의 대상이다. 대부분의 위스키 전문가들은 첨단 기술 때문에 환경이 위스키의 풍미에 끼치는 영향이 무시해도 좋을 정도로 줄어들었다고 말한다.

하일랜드 북부

30초 핵심정보

하일랜드 북부 증류소는 영국 본섬에서 가장 외딴 곳에 위치하는데 대부분 포장도로나 철도가 건설되기 한참 전에 설립됐다. 그런 만큼 바다와 가까운 곳에 자리 잡은 증류소가 많다. 맥아 맛이 풍부한 이곳 스카치는 진한 풍미가 특징이며 바닷가 내음이 뚜렷하게 느껴진다. 최근 들어 하일랜드 북부의 위스키 상당수가 위스키 애호가 사이에서 인기를 끌고 있다. 특히 우아한 밀랍 풍미의 클라인리시, 클라인리시의 전신이며 피트 향이 나는 브로라 등이 사랑을 받는다. 발블레어와 올드 풀트니는 균형이 잘 잡혀 있고 과일 향이 주도하는 위스키로서 바닷가의 신선함까지 느낄 수 있다. 그중에서 올드 풀트니는 짠맛이 특징이다. 가장 유명한 상품은 묵직한 바디감과 강렬함이 특징인 달모어와 영국 최고의 매출을 자랑하는 몰트위스키인 글렌모렌지다. 글렌모렌지는 스코틀랜드에서 가장 목이 긴 증류기에서 생산되는지라 하일랜드 몰트치고는 이례적으로 가벼운 맛을 낸다. 글렌오드의 싱글톤은 세계적으로 중요한 몰트위스키 시장인 타이완의 베스트셀러이며, 클라인리시처럼 밀랍 풍미와 꽃 향을 풍긴다. 그보다 덜 알려진 테니니치와 토마틴은 일관성 있는 블렌딩 원액을 만들어내는 한편 하일랜드 특유의 강건한 풍미가 있는 몰트위스키를 생산하는 대규모 증류소다. 최근 수십 년에 걸쳐 현대화가 이루어짐에 따라 '하일랜드'만의 특성이 다소 옅어진 감이 있다. 그럼에도 이 외딴 증류소들 대부분은 독특함과 개성을 간직하고 있다.

3초 맛보기 정보
하일랜드 북부는 풍부한 바디감, 밀랍, 기름, 과일 풍미가 특징이며 해안의 영향이 자주 느껴지는 싱글 몰트가 생산된다. 이 지역의 싱글 몰트는 스카치 위스키 중 가장 인기 있고 강렬한 특징이 있다.

3분 심층정보
브로라 증류소는 1819년에 (훗날 1대 서덜랜드 공작이 되는) 스태퍼드 후작이 설립했다. 자기 아내 소유의 광활한 토지를 '정비'하는 계획의 일환이었다. 이때 그는 양을 키우려고 소작인 1만 5000명을 몰아냈다. 브로라 증류소의 제품은 항상 높은 평가를 받았고 실제로 '병당 가장 높은 가격이 붙은 스카치'였지만 브로라 증류소는 위스키 시장의 침체로 말미암아 1983년에 문을 닫았다.

관련 주제
다음 페이지를 참고하라
위스키의 원료 50쪽
위스키 수집 130쪽

3초 인물
조지 그랜빌 류슨-고어 (1758~1833)
스태퍼드 후작이자 1대 서덜랜드 공작으로서 하일랜드 퇴거(하일랜드와 아일랜드에서 소작인을 강제로 퇴거시킨 사건)에 일조하여 악명을 얻었다.

30초 저자
앵거스 맥레일드

클라인리시 증류소에서 생산되는 위스키는 블렌디드 위스키로 유명한 조니워커 골드라벨의 주원료로 사용된다.

하일랜드 서부

30초 핵심정보

하일랜드 서부 지역은 현재 증류소가 거의 남아 있지 않다. 그러나 여전히 남아 있는 증류소는 잘 알려진 몇 가지 스타일을 망라한 대담하고 개성적인 몰트위스키를 내놓고 있다. 따뜻하고 습도가 높은 지역이며 이곳의 위스키에서는 바다의 영향이 완연하게 느껴진다. 증류소 대부분 바닷가 근처에 있거나 아니면 지리적으로 고립돼 있다. 그 때문에 다른 곳에 비해 생산자가 드문드문한 편이다. 증류소 세 곳이 있는 캠벨타운은 한때 독자적으로 돌아가는 주요 지역이었으며, 묵직하고 기름진 풍미가 두드러지는 데다 피트 향이 풍부한 몰트위스키를 생산해왔다. 현재 캠벨타운 스타일의 전형은 스프링뱅크이며, 글렌고인과 로크로몬드는 그보다 가벼운 위스키로서 남쪽 지역의 전형을 보여준다. 다만 하일랜드 서부를 대표하는 이름은 벤네비스나 오반이다. 최근 수십 년에 걸쳐 생산 공정이 현대화한 데다 1960년대를 기점으로 소비자 취향이 튀지 않는 피트 향을 선호하는 쪽으로 변화함에 따라 블렌더에게 요구하는 사항이 바뀌게 됐다. 그 결과 하일랜드 서부의 특징은 다소 완화된 감이 있다. 그럼에도 이 지역은 여전히 밀랍 풍미, 해안 영향, 과일 향, 옅은 훈연 향 등을 특징으로 하는 구세대 위스키 스타일을 고수하고 있다.

관련 주제
다음 페이지를 참고하라
금주법 40쪽

3초 인물
프랭크 맥하디(1945~)
스프링뱅크의 마스터 디스틸러를 역임했으며 50년 동안 위스키 산업에 종사하고 현재는 은퇴했다.

콜린 로스(1948~)
50여 년 동안 위스키 산업에 종사해온 인물로 1989년부터 벤네비스의 증류 책임자를 맡아왔으며 그 이전에는 라프로익의 관리자와 스트라티슬라의 증류기 기사를 역임한 바 있다.

30초 저자
앵거스 맥레일드

3초 맛보기 정보
바디감이 묵직한 몰트위스키는 스코틀랜드 서쪽 해안을 따라 좁다랗고 길게 이어진 지역에서 증류된다. 이 지역은 글래스고 바로 위부터 캠벨타운, 오반, 포트윌리엄 등의 역사적인 지역을 거쳐 하일랜드 북부로 연결된다.

3분 심층정보
하일랜드 서부에서 위스키 생산은 쉽지 않았고 가내 수공업 이상으로 발전한 적이 없었다. 지리적으로 증류소 대다수가 외딴 지역에 존재했기 때문이다. 그러다 20세기에 들어 위스키 생산이 철도와 도로 교통에 좌우되는 상황까지 오자 이곳 증류소들은 비용 증가로 큰 압박을 받기 시작했다. 게다가 미국의 대공황과 금주법 시행으로 주요 시장을 잃었고 국내 운송 경로에서 멀리 떨어진 위치 탓에 (캠벨타운의 증류소를 비롯하여) 증류소 대다수가 문을 닫았다.

1828년에 설립된 스프링뱅크는 한때 위스키의 주요 산지였던 캠벨타운에 여전히 남아 있는 증류소 세 곳 중 하나다.

하일랜드 동부

30초 핵심정보

3초 맛보기 정보
위스키 업계에서 하일랜드 동부라 하면 스코틀랜드의 진정으로 위대한 증류소 몇 곳을 포함해 소수의 증류소가 있는 지역을 가리킨다. 스타일은 다양하지만 대체로 강건한 풍미를 특징으로 하며 일부는 생생한 과일 향과 부드러운 피트 향을 낸다.

3분 심층정보
하일랜드 동부는 스코틀랜드에서도 상대적으로 고립되고 구석진 지역이지만 증류에 있어서만큼은 천혜의 자연환경을 갖추고 있다. 수많은 이탄지(이탄이 퇴적한 웅덩이 지역)와 보리 재배에 적합한 농경지가 있는 이곳에서 증류가 번성한 것은 놀라운 일이 아니다. 최근 수년 간 맥아 제조 과정에 사용되는 이탄의 양이 줄어드는 추세이지만 이 지역 위스키 대다수가 강렬하고 박력 있는 특징을 간직하고 있다.

스코틀랜드 북동부의 '어깨' 부분에 모여 있는 증류소들이다. 구체적으로 이들 증류소는 스페이사이드 외곽의 삼각지대인 애버딘, 피터헤드, 포카버스 사이에 위치해 있다. 스페이사이드 증류소의 정의가 정확히 무엇이며 하일랜드 동부의 어느 증류소가 그 이름을 붙일 자격이 되는지는 오랫동안 논쟁이 있어 왔다. 어쨌든 하일랜드 동부의 노크두 위스키는 스페이사이드 스타일대로 진한 과일과 꽃 향이 특징이다. 그러나 안타깝게도 하일랜드 동부의 훌륭한 증류소 몇 곳이 오랫동안 폐쇄된 상태다. 서양겨자와 밀랍 풍미의 밴프와 감미로운 과일 향의 글레뉴지를 비롯한 이곳의 고급 몰트위스키는 구세대 스타일의 전형으로서 1980년대의 증류 산업 불경기에서 살아남지 못했다. 전통적으로 하일랜드 동부의 몰트위스키는 존재감이 강렬하고 두드러지며 피트 향이 나는 경우가 많다. 다만 이곳 증류소 대부분은 시장의 선호도 변화에 발맞춰 피트 요소를 누그러뜨리거나 제거하고 있다. 아드모어만이 구세대 위스키의 전통을 간직하고 있다. 글렌기어리 증류소는 진한 과일 풍미와 옅은 생강 풍미 위주의 위스키에 희미한 훈연 향을 첨가하며, 셰리 캐스크에서 원액을 숙성시킨다. 그 유명한 글렌드로낙 증류소 역시 셰리 캐스크에서 원액을 숙성시키며, 강건하고 달콤하며 탄닌감이 있는 위스키라는 명성에 걸맞는 위스키를 생산한다. 가벼운 제품은 노크두 증류소의 아녹과 맥더프 증류소의 데브론이 있는데 둘 다 맥아와 과일 풍미를 낸다.

관련 주제
다음 페이지를 참고하라
위스키의 원료 50쪽
숙성 62쪽
스페이사이드 86쪽

30초 저자
앵거스 맥레일드

글렌드로낙 증류소의 전 주인 가운데는 글렌피딕을 설립한 윌리엄 그랜트의 아들 찰스 그랜트 대위가 있다.

하일랜드 중부

30초 핵심정보

3초 맛보기 정보
하일랜드 중부의 '중추'적인 증류소에서는 마시기 좋은 식후 스카치를 생산한다. 이곳의 위스키는 풍미 좋은 하일랜드 스카치를 현대적으로 해석한 사례로 평가된다.

3분 심층정보
하일랜드 중부는 이탄과 깨끗한 물이 풍부하며 동해안 지역에서 재배되는 보리를 손쉽게 얻을 수 있는 지역이다. 게다가 이곳 증류소 대부분은 전통적인 관광 경로를 따라 멋들어진 산맥과 (월터 스콧의 작품에 등장하여 유명해진) 트로서크스 협곡까지 척추 형태로 이어져 있으며 인버네스와 그 위로 가는 A9 고속도로에 맞닿아 있다.

하일랜드의 모든 세부 지역 중에서도 중부의 증류소는 이질적이며, 하일랜드 특성을 '현대'적으로 해석한 위스키를 가장 적절한 방식으로 선보인다. 이곳의 몰트위스키는 중간 정도 또는 묵직한 바디감이 특징이며 대개 과일 풍미에 달콤한 맥아 향이 느껴진다. 대부분 강건하지만 일부는 옅은 밀랍 풍미다. 달위니는 스코틀랜드의 가장 높은 지대에 있으며 가장 잘 알려진 곳이다. 이곳의 위스키는 묵직한 바디감, 달콤함, 헤더 꿀 향이 특징이다. 애버펠디는 달위니와 비슷하면서도 비스킷과 밀랍 풍미가 강한 위스키를 생산한다. 둘 다 이 지역의 스타일을 단적으로 보여준다. 가장 아래쪽에 있는 딘스턴은 강건하고 진한 풍미를 선보인다. 가장 위쪽에 위치하며 밸모럴 성과도 가까운 로열 로크나가에서는 복잡 미묘하며 아마기름과 소나무 향 혹은 대패질한 향을 풍기는 위스키가 생산된다. 하일랜드 퍼스셔에 있는 블레어 애톨, 글렌터렛, 툴리바딘 등에서는 풍부하고 조화우며 달콤한 첫맛과 쌉쌀한 여운이 특징인 위스키를 생산한다. 피트로크리 외곽의 에드라두어는 스코틀랜드에서 가장 규모가 작은 증류소인데, 이곳의 원액은 가벼우면서도 서양배의 향을 풍기지만 대부분 와인 캐스크에서 숙성돼 꽃 향이 진해진다. 이 지역의 위스키는 지역에서나 '성격'에서나 '중간'이며, 좀 더 우아한 스페이사이드 위스키부터 좀 더 야성적인 하일랜드 동부와 북부 위스키로 가는 징검다리 역할로 손색이 없다.

3초 인물
월터 스콧(1781~1832)
스코틀랜드의 소설가로서 훌륭한 스카치를 이상적인 하일랜드 문화의 필수 요소로 간주했으며 그러한 관점은 그의 작품 대부분에 녹아들어 있다. 현재 스콧이나 그의 소설 속 등장인물을 소재로 삼은 위스키 브랜드가 상당수다.

30초 저자
앵거스 매크레일드

월터 스콧은 소설, 희곡, 시로 잘 알려져 있지만 자택 지하에 '제대로 익은 것과 덜 숙성된 하일랜드 위스키를 충분히' 저장해둘 정도의 위스키 애호가이기도 했다.

로랜드

30초 핵심정보

로랜드 지역은 스코틀랜드에서 가장 '침체'된 위스키 산지다. 과거에는 마을마다 증류소가 들어서 있었지만 점점 문을 닫아 세 곳밖에 남지 않게 됐다. 그러다 2005년에 다프트밀이 문을 열었고 2014년 이후에는 5개가 추가로 생겨났다. 침체의 원인은 예전부터 하일랜드와 비교당하며 부당한 평가를 받아왔기 때문일지도 모른다. 원래 로랜드는 영국 최초의 상업 증류 시설이 들어선 지역이었지만 위스키 산업이 발돋움하던 당시에 로랜드의 몰트위스키는 하일랜드의 소규모 증류기에서 생산되는 불법 위스키보다 열등하다는 인식이 팽배했다. 그러나 '빼앗긴' 증류소 중에서 로즈뱅크와 세인트 맥덜린 등의 일부 증류소는 매우 훌륭한 평판을 쌓았다. 전통적으로 로랜드는 스코틀랜드에서 가장 가벼운 몰트위스키가 생산되는 것으로 알려졌다. 이곳의 몰트위스키는 3회 증류를 거쳐 순도가 높고 식전주로 적합하다. 오늘날 3회 증류 방식은 오큰토션에서 이어지고 있으며, 그 결과 과일과 꽃 풍미를 내는 몰트위스키가 생산된다. 그 이외에 로랜드를 대표하는 몰트위스키로는 글렌킨치가 있다. 신선한 과일 풍미가 나고 향긋한 동시에 바디감이 묵직한 위스키다. 로랜드에 남아 있는 증류소 가운데 가장 오래된 곳은 블라드녹이다. 스코틀랜드에서 가장 남쪽에 있는 증류소이며 폐쇄와 재가동을 거듭하다가 현재 생산 설비의 전면 가동으로 복귀하는 중이다. 블라드녹은 '농촌', 풀, 감귤 향 등의 훌륭한 특성을 지닌 몰트위스키를 생산한다.

3초 맛보기 정보
로랜드 지역은 예로부터 고도뿐만 아니라 여러 면에서 하일랜드 지역의 존재감에 가려 빛을 보지 못했지만 그럼에도 가볍고 깨끗하며 상쾌한 몰트위스키를 차분한 태도로 생산하고 있다.

3분 심층정보
이 지역의 증류소 숫자가 점점 더 줄어들었다는 사실에서 알 수 있듯이 가벼운 스타일의 로랜드 몰트위스키는 최근까지 큰 인기를 끌지 못했다. 에일사 베이, 애넌데일, 다프트밀, 이든 밀, 글래스고, 인치데어니, 킹스반스를 비롯한 신생 증류소의 원액이 하나 둘씩 숙성 상태에 이르거나 출시되고 있어 이 지역의 미래는 이제 밝다고 할 수 있다. 현재 로랜드의 대규모 증류소는 몰트위스키가 아니라 그레인위스키를 생산하고 있다. 캐머런 브리지, 거번, 스트래스클라이드는 블렌디드 위스키에 쓰일 그레인위스키 원액 수백만 리터뿐 아니라 보드카와 진의 주정도 생산하고 있다.

관련 주제
다음 페이지를 참고하라
하일랜드 북부 74쪽
하일랜드 서부 76쪽
하일랜드 동부 78쪽
하일랜드 중부 80쪽

30초 저자
앵거스 맥레일드

로랜드는 역사적으로 이름난 위스키 산지는 아니지만 오늘날 여러 종류의 대표적인 몰트위스키를 생산하고 있다. 특히 오큰토션과 블라드녹 등의 증류소가 유명하다.

1839년 12월 19일
스코틀랜드 밴프셔 더프
타운에서 '올드 워털루'라는
별명의 윌리엄 그랜트와
엘리자베스 리드 그랜트의
아들로 태어나다

1859
제화공으로 일하면서 같은
동네의 엘리자베스 던컨과
결혼하다

1864/1865
제화공 일을 그만두고
티닌버라는 현지 석회공장의
사무원으로 취직하다

1866
공장을 그만두고 더프타운
소재 모틀락 증류소의 경리로
취직해 사장인 조지 코위
밑에서 일하다

1870년경
드러뮈어 부지에서 채석장
사업을 시작하려던 계획이
무산되다. 증류 사업을
검토하기 시작하다

1886
20년 동안 몸담은 모틀락을
떠나 평생 저축한 돈으로
가족과 함께 글렌피딕
증류소를 건설하기 시작하다

1887년 12월 25일
글렌피딕 증류소의
증류기에서 처음으로
원액을 얻다

1892
글렌피딕 인근의 부지
10에이커(4헥타르)를 매입해
두 번째 증류소인 발베니를
설립하다

1898
그랜츠 스탠드패스트
블렌디드 스카치 위스키를
개발하다

1900
훗날 실명의 원인이 되는
뇌졸중을 겪다

1903
그의 회사 윌리엄 그랜트 앤드
선즈가 유한책임회사가 되다

1908
시력을 완전히 상실한 채로
딸 메타의 간병을 받으면서
침대에 누워 일하기 시작하다

1923년 1월 5일
'노환'으로 자택에서 세상을
떠난 후 모틀락 교구의 교회
묘지에 묻히다

윌리엄 그랜트

윌리엄 그랜트는 윌리엄 그랜트 앤드 선즈 증류소의 설립자로서 자신의 한계를 극복한 인물이다. 스코틀랜드 더프타운에서 태어나 그 시대 농촌의 전형적인 유년기를 보냈다. 7세가 된 이후 동절기에는 그래머 스쿨(대학 진학을 목표로 하는 학생들이 다니는 영국의 중고등학교)을 다녔고 하절기에는 소 떼를 몰았다. 제화공 밑에서 견습공으로 일하던 그의 잠재력이 처음 징후를 드러내기 시작한 때는 1864년이었다. 대다수 사람이 일을 한 번 배우면 그 일을 끝까지 고수하던 시대에 그는 제화공을 그만두기로 결심하고는 현지 석회공장에 취직하는 과감한 행보를 보였다. 그러다 석회공장 동업자끼리 사이가 틀어지면서 그랜트는 모틀락 증류소의 경리로 이직해야 했다. 한시도 가만히 있는 법이 없었던 그는 채석장 사업을 계획하기 시작했고 동업자와 사업 부지까지 구했다. 그러나 드러뮈어 채석장에 대한 사업 승인이 막판에 취소되고 말았다. 그랜트는 이러한 역경에도 불구하고 곧바로 다음 행보에 나섰다. 바로 증류 사업을 조사하기 시작한 것이다. 그는 빠른 시일 내에 모틀락의 관리자로 승진했고, 자신만의 증류소를 세우고 싶다는 포부를 실현하려고 알뜰한 아내와 함께 100파운드의 연 수입을 상당 부분 저축하기 시작했다. 계속해서 아이가 태어나면서 자녀수가 9명에 이르렀기에 저축하기가 쉽지 않은 상황이었다.

카르두라는 현지의 다른 증류소가 보수 작업에 나서기로 했을 때 그랜트는 그곳의 주인인 엘리자베스 커밍과 접촉해 오래된 장비를 119파운드에 사들였다. 그는 48세의 나이에 모틀락을 떠났고 고향 더프타운의 변두리 부지를 임차한 후 자녀들의 도움을 받아 글렌피딕 증류소를 설립하기 시작했다. 그랜트 가족은 15개월에 걸쳐 증류소의 기초를 다졌고 1887년 성탄절에 마침내 최초의 원액을 얻었다. 그러다 애버딘 소재의 주류도매상 윌리엄 윌리엄스와 운 좋게 연이 닿은 덕분에 주당 400갤런(약 1510리터)의 원액을 판매할 수 있었고 증류소 부지를 넓혀갔다. 경쟁 증류소가 인접한 땅을 사들이려고 했을 때 그랜트는 선수를 쳐서 로비 듀 수원지를 독점 사용하는 계약을 체결했고 1892~1893년에 걸쳐 발베니 증류소를 세웠다.

여느 사람이라면 경제적으로 성공하면 우쭐해지기 십상이겠지만 그랜트는 지역 공동체의 성실한 일원이라는 정체성을 잃지 않았고 교회 장로와 더프타운 자원봉사 음악단의 리더라는 의무를 이어나갔다. 1898년에는 그랜츠라는 블렌디드 위스키 브랜드를 개발했는데, 그랜츠 브랜드는 오랜 세월을 이겨내고 아직도 건재하고 있다. 1900년 그랜트에게 뇌졸중이 닥쳤지만 그는 계속해서 사업을 지휘했다. 그러다 1903년에 소유권을 가족 구성원 모두에게 넘겼다.

윌리엄 그랜트는 세상을 떠나면서 길이길이 이어질 유산을 남겼다. 오늘날 그가 세운 회사는 전 세계적인 명성을 누리고 있으며 그의 5대손에 의해 운영되고 있다.

앨윈 귈트

스페이사이드

30초 핵심정보

스페이사이드는 이론의 여지가 없이 스코틀랜드 몰트위스키의 수도다. 하일랜드보다 면적이 작지만 현재 가동 중인 증류소 중 절반 가까이가 이곳에 위치한다. 증류소들은 스페이사이드의 중심지이며 왕실 자치구였던 엘긴과 그 인근 마을, 스페이강의 제방, 글렌리벳의 고지대 곳곳에 흩어져 있다. 스페이사이드의 몰트위스키는 대체로 다른 지역에 비해 달콤하며 크게 3가지 스타일로 나뉜다. 우선 (글렌피딕, 글렌 그랜트, 카르두, 링크우드, 올트모어처럼) 가볍고 꽃 향이 나는 위스키가 있다. 그 다음으로 (글렌리벳, 아벨라워, 크래건모어, 벤리악, 벤로막 등과 같이) 중간 정도의 바디감을 지닌 위스키도 있다. 마지막으로 (맥캘란, 글렌로시스, 모틀락, 글렌파클라스, 발베니를 비롯해) 강건한 풍미의 위스키를 들 수 있다. 모두 복합적이고 과일 향을 풍기며 우아하다는 특징이 있으며, 특히 셰리 캐스크에서 숙성을 거치는 세 번째 유형은 풍부하고 탄닌감이 진한 데다 말린 과일과 스파이스 향이 느껴지는 위스키다. 글렌리벳은 이미 1820년대에도 (불법으로 증류한) 몰트위스키로 유명했다. 그뿐만 아니라 1823년 직후에 면허를 취득한 초창기 증류소 일부가 스페이사이드에 있다. 그러나 이 지역은 스트라스페이 철도가 개설된 이후에야 인정받기 시작했다. 1890년대에 설립된 증류소 40개 가운데 24개가 스페이사이드에 있었으며 대부분이 오늘날까지 가동되고 있다. 이곳의 초창기 증류소는 좋은 품질을 보증한다는 의미로 '글렌리벳'이란 이름을 붙였다.

관련 주제
다음 페이지를 참고하라
하일랜드 북부 74쪽
하일랜드 서부 76쪽
하일랜드 동부 78쪽
하일랜드 중부 80쪽

3초 인물
조지 스미스(1792~1871)
1824년에 아들인 존 고든 스미스와 함께 글렌리벳 증류소를 설립한 인물

30초 저자
앵거스 맥레일드

3초 맛보기 정보
스코틀랜드의 현역 증류소 가운데 절반 가까이가 스페이사이드 지역에 존재한다. 글렌리벳, 글렌피딕, 맥캘란과 같이 전 세계적으로 가장 많이 팔리는 싱글 몰트의 산지이기도 하다.

3분 심층정보
1820년에는 글렌리벳 마을에만 200개의 불법 증류소가 있었다고 추정된다. 외떨어진 위치 때문에 밀주업자들이 몰려든 것이다. 스페이사이드 지역의 성공은 그 초창기 증류소의 기술력과 그곳에서 생산되는 몰트위스키의 명성을 바탕으로 이루어졌다. 그뿐만 아니라 풍부한 보리, 이탄, 깨끗한 물 역시 성공의 요인이었다. (에네아스 맥도널드가 1930년에 쓴) 위스키 관련 명저에는 "진정한 – 적어도 식견이 있는 – 위스키 애호가라면 신성하기까지 한 이 지역에 경외심 없이 들어서는 것이 불가능하다"라는 문구가 적혀 있다.

불법 증류업자였던 조지 스미스가 글렌리벳 증류소에서 위스키를 생산하려고 1824년에 주류 면허를 취득한 것은 밀렵꾼이 사냥터지기로 변신한 격이었다.

아일러

30초 핵심정보

3초 맛보기 정보
아일러의 이름난 증류소들은 독특하고도 이탄 연기, 해변, 약품을 연상케 하는 풍미로 전 세계적인 사랑을 받고 있다. 아일러의 비교적 가벼운 위스키조차 '해변풍' 위스키의 전형으로 간주된다.

3분 심층정보
아일러는 스코틀랜드 증류의 요람이라고 불려도 합당한 곳이다. 스코틀랜드에 증류 비법을 전달한 이들은 아일랜드 출신의 학식 있는 의사 가문으로 추정된다. '맥베아'라는 이름의 이들은 1300년에 아일랜드 공주의 결혼 사절단 자격으로 건너온 사람들이었다. 맥베아 가문은 대를 거듭해 스코틀랜드의 영주들과 왕실의 주치의를 맡았다.

아일러는 이너헤브리디스 제도 최남단에 있는 섬이다. 8개의 증류소가 위치하는 이곳은 스페이사이드에 버금가는 '위스키 수도'이며 훈연향이 나는 몰트위스키로 세계적인 명성을 누리고 있다. 아일러에는 상대적으로 나무가 부족했다. 땔감이 필요했던 초창기 증류소들은 이탄(피트)을 사용했는데, 향이 매우 강한 이탄 연기는 맥아 건조 과정에서 녹색 맥아의 겉껍질에 밀착돼 위스키에 확연한 훈연/소독약 향과 풍미를 낸다. 특히 아일러 남쪽의 '킬달튼' 트리오보다 그런 풍미가 두드러지는 몰트위스키란 존재하지 않는다. 킬달튼 트리오에는 (풍부하고 달콤하며 과일 향이 나고 향긋한) 라가불린, (톡 쏘는 약품 향에 석탄산과 석탄 연기 향이 곁들어진) 라프로익, (해변의 모닥불을 연상케 하는 탄내와 기름진 질감의) 아드벡이 있다. 아일러 섬의 수도는 보모어이며 스코틀랜드의 가장 오래된 증류소에 속하는 보모어 증류소의 본거지다. 이곳의 위스키는 좀 더 부드럽고 꽃 향과 과일 향이 진하며 이탄의 훈연 향이 옅게 풍기는 특징이 있다. 아일러 섬 북쪽에는 아스케이그 항구가 있는데, 그 인근의 쿨일라 증류소에서는 달콤하고 해초 향과 소독약 향이 나는 몰트위스키가 생산된다. 서쪽에는 아일러에서 가장 나중에 생긴 증류소 킬호만이 있다. 이곳의 몰트위스키는 달콤하고 짭짤하며 재의 풍미가 난다. 아일러에서 가장 가벼운 몰트위스키는 (가볍고 과일과 해초 향이 나는) 부나하벤과 싱싱한 풋과일과 달콤한 맥아 풍미, 대서양의 신선한 바람이 느껴지는 브룩라디다.

관련 주제
다음 페이지를 참고하라
스페이사이드 86쪽
그 이외 섬 90쪽

30초 저자
앵거스 맥레일드

이탄 연기는 아일러의 위스키에 특유의 풍미와 향을 부여한다.

그 외의 섬

30초 핵심정보

본토 인근 790여 개 섬 가운데 위스키를 생산하는 섬은 소수에 불과하지만 부드럽고도 활기찬 스타일부터 강력하고 피트 향과 바디감이 묵직한 스타일에 이르기까지 다양한 '컬트' 증류소가 위치한다. 이 모든 증류소는 바닷가라는 위치의 특징(짭짤하고 바다를 연상케 하는 풍미와 해초와 요드 향)을 공유한다. 이 제도의 가장 유명한 몰트위스키는 스카이 섬의 탈리스커로, 후추와 피트 향에 신선한 바닷바람이 듬뿍 담긴 풍미다. 그보다 더 북쪽에 있는 오크니 섬의 하일랜드 파크는 피트 향, 헤더꿀 향, 가벼운 과일 향이 조화를 이루고 있어 '팔방미인'이라는 평판을 받는다. 오크니 섬에 두 번째로 생긴 스카파의 위스키는 하일랜드 파크보다 더 가벼운 바디감, 과일 향, 신선하고 달콤한 맥아 풍미를 지니고 있다. 멀 섬의 유일한 증류소 토버모리는 싱글 몰트 2종을 생산한다. 증류소 이름을 딴 토버모리는 피트 향이 없으며 곡물 풍미와 가벼운 기름 질감이 특징이다. 레드치그는 피트 향이 들어간 자매품으로 훈연 향과 기름진 질감이 특징이며 훈제 청어 풍미마저 난다. 주라 섬의 주라 역시 기름진 질감이 느껴지며 소나무 수액, 오렌지 껍질, 견과류의 풍미를 낸다. 반면 아란은 산뜻한 스페이사이드 스타일에 가까우며 바다 향을 풍긴다. 가장 최근 생긴 루이스 섬의 아빈 자릭은 한 사람이 소규모로 운영하는 곳이다. 역시 루이스 섬에 있는 아일 오브 해리스는 지역 공동체가 운영하며 진도 생산한다. 아일 오브 해리스의 위스키는 아직 시중에 나오지 않았다.

관련 주제
다음 페이지를 참고하라
참고할 내용
테루아르 72쪽
아일러 88쪽

30초 저자
앵거스 맥레일드

3초 맛보기 정보
스코틀랜드 섬 지역의 몰트위스키는 전반적으로 바닷가의 신선함과 활력을 머금고 있으며 여기에 (피트 향이라든가 진하다든가 산뜻하다든가 과일 향이 난다든가 하는) 개별적인 특징이 스며들어 있다.

3분 심층정보
스코틀랜드 섬의 자연스럽고도 낭만적인 분위기는 신생 증류 기업의 흥미를 끌어왔다. 실제로 뷰트, 바라, 셰틀랜드, 스카이, 아란 섬에 증류소 건설이 진행 중이거나 계획되어 있다. 과거에는 바닷길을 이용해 캐스크를 실어 나를 수밖에 없었기 때문에 증류소가 모두 해안 가까이에 있었다. 그로 말미암아 해안이라는 위치가 위스키의 성격에 영향을 미친다는 주장이 나오게 됐다. 바다 풍미가 느껴지는 것은 틀림없지만 어떠한 과학적 원리가 작용했는지는 오늘날까지 뜨거운 논쟁의 주제로 남아 있다.

스카이 섬의 탈리스커와 주라 섬의 주라는 이너 헤브리디스 제도에서 증류된 것 중에 가장 유명한 2대 위스키로 꼽힌다.

나라별 차이

정의
용어

3회 증류 triple distillation 3회 증류는 워시 증류기에서 나온 로와인을 2개의 증류기에서 추가로 증류하는 기법으로 오늘날에는 오큰토션, 애넌데일, 스프링뱅크 증류소에서만 사용된다. 과거에는 로랜드 지역을 중심으로 꽤 자주 사용되던 기법이다.

래킹/리래킹 racking/re-racking 래킹은 캐스크 안에 쌓인 침전물에서 '와인이나 맥주나 위스키를 분리'해내는 작업이다. 리래킹은 위스키 원액을 다른 캐스크(주로 와인을 담았던 캐스크)에 옮기는 작업을 뜻한다.

목탄 여과 charcoal filtration 잭 다니엘스 같은 위스키는 층층이 쌓은 단풍 나무 숯으로 여과해 '정제'한다. 보드카 생산에도 흔히 사용되는 공정이다.

미즈나라 숙성 mizunara maturation 참나무 과에 속하는 물참나무를 미즈나라 오크라고도 부른다. 희귀하지만 1930년대부터 일본의 위스키 증류소에서 사용된 나무로서 위스키에 독특한 종류의 풍미를 부여한다. 미즈나라 오크는 바닐린 성분을 매우 많이 함유하고 있으나 무르고 다공성이 크다. 그 때문에 이 나무로 만든 캐스크는 새기 쉬우며 잘 망가진다. 결과적으로 일본산 위스키는 주로 미국산 오크나 유럽산 오크로 된 캐스크에서 숙성을 거친 다음에 특유의 풍부한 풍미를 얻고자 미즈나라 캐스크로 옮긴다. 야마자키는 일본산 오크 특유의 계피 풍미를 가장 다가가기 쉽게 표현한 위스키로 꼽힌다.

웜텁 worm tub 1950년대까지만 해도 스코틀랜드의 위스키 증류소 대다수는 증류소 외벽에 장착된 웜텁(나선형 응축기)에서 원액을 응축했다. 라인암(증류기 윗부분과 응축기를 연결하는 구리 파이프)이 찬물을 채운 통(tub)에 들어가면 용수철처럼 감기면서 크기가 점점 더 줄어들도록 설계돼 있다. 웜텁은 다른 응축기에 비해 구리와의 접촉면이 적기 때문에 좀 더 묵직한 원액을 만들어낸다. 현재는 대부분 원통 다관식 응축기에 밀려났다.

증류 원액 new-make spirit 증류기에서 흘러나온 무색투명한 증류주로서 이후 3년의 숙성을 거쳐야 위스키라는 이름으로 불리게 된다. new-make라는 말 그대로 '갓 만들어진 증류주'다. '필링'이라고도 불린다.

착향료 congener 향미를 함유하고 있어 증류주나 와인에 특유의 향이나 맛을 부여하는 물질.

켄터키 더비 Kentucky Derby 켄터키 주 루이빌에서 매년 세 살짜리 경주마들의 참여로 열리는 경마 대회. 1875년에 개최되기 시작한 켄터키 더비는 미국에서 가장 오래된 경마 대회다.

켄터키 버번 축제 Kentucky Bourbon Festival 매년 가을 켄터키 주 바즈타운에서 1주일 동안 열리는 축제. 1992년에 간단한 버번 시음 만찬으로 시작했다가 현재는 세계 수십 개국으로부터 5만여 명의 사람들이 몰려드는 행사로 발전했으며 30가지가 넘는 이벤트를 아우른다. 그 이외에 켄터키 주에서 버번과 연관이 깊은 도시들로는 루이빌, 프랭크포트, 로렌스버그 등이 있다.

쿠퍼리지cooperage 캐스크를 만들거나 수선하는 장소. 과거에는 모든 증류소 현장에 쿠퍼리지가 있었다. 현재는 스카치위스키의 새 캐스크 가운데 90%가 미국산, 10%가 스페인산이다.

타케츠루 병입 Taketsuru bottling 타케츠루 마사타카는 '일본 위스키의 아버지'였다. 그의 이름을 딴 타케츠루 위스키는 숙성 연수를 표기하지 않은 블렌디드 몰트위스키로 출시됐다. 17년산, 21년, 25년 역시 출시됐다. 미야기쿄 증류소에서 나온 원액이 높은 비율로 들어가고 요이치 증류소의 원액이 소량 배합된다. 셰리 캐스크를 비롯한 여러 종류의 캐스크에서 평균 10년 정도 숙성된다.

퓨젤유fusel oil 발효의 부산물로 (아밀알코올을 비롯한) 몇 가지 알코올의 혼합물. 어원은 독일어로 '질 낮은 술'을 뜻하는 fusel이다.

필링filling 전통적으로 블렌더는 다른 증류소로부터 블렌딩에 필요한 원액을 얻어 자기 증류소의 캐스크를 채우고, 그 대가로 동일한 개수의 캐스크에 원액을 채워 다른 증류소에 제공한다. 이러한 원액은 3년의 숙성을 마친 후에야 '위스키'로 불릴 수 있으며 그 이전에는 '필링'이라 불린다.

하뉴 카드 시리즈 Hanyu Card Series 아쿠토 이치로는 1625년부터 (사케와 소주 등의) 양조장을 운영해온 집안에서 태어나 1940년대에 공예품 생산으로 유명한 하뉴 시에 위스키 증류소를 열었다. 안타깝게도 2000년에 일본의 위스키 시장이 부진을 겪으며 하뉴 증류소도 문을 닫았다. 그러나 숙성 중이던 캐스크 400개는 그대로 남았고 아쿠토는 숙성된 위스키에 트럼프카드 모양의 라벨을 붙여서 출시하기 시작했다. (희귀 아이템인 조커 2개를 비롯해 54개 '트럼프카드'가 부착된) 54병짜리 세트가 2015년 홍콩에서 37만 1483달러에 팔렸다.

아일랜드

30초 핵심정보

아이리시 위스키는 변화무쌍한 술이다. 원래 3회 증류 등 전통 '규칙'에 따라 생산된다고 알려졌지만 예외도 있다. 특히 종류가 계속 증가하면서 규칙을 파괴하는 증류소는 변절자가 아니라 유행의 선도자로 자리매김하고 있다. 현재 아이리시 위스키는 세 종류로 나뉜다. 첫째, 매우 부드러우며 자주 접할 수 있는 제품이 있다. 제임슨, 툴라모어 듀 등이 그렇다. 대체로 다가가기 쉽고 섬세하며 깔끔한 맛이 특징이다. 다음으로 현대적이고 실험적이며 앞서 언급된 제품과는 차별화한 제품들이 있는데 훈연 향이 강한 몰트위스키다. 카베르네 소비뇽 색이 감도는 싱글 그레인위스키가 있는가 하면 아이리시 위스키 캐스크에서 숙성해서 아이리시스타우트(흑맥주)를 담았던 통에서 마무리되는 블렌디드 위스키도 있다. 대표적 사례로 더블린의 틸링 스몰 배치가 있다. 세 번째로 기름지고 바디감이 묵직하며 위의 두 종류보다 훨씬 오랜 전통을 자랑하는 중량급 위스키가 있다. 추종자가 열광적으로 찾아다니는 이 '단식 증류' 위스키의 기원은 빅토리아 시대까지 거슬러 올라간다. 맥아와 '녹색' 풋보리를 혼합해 (과거에는 다른 풋곡식도 혼합했지만) 단식 증류기에서 생산하는 이 위스키는 거품처럼 입안 가득 퍼지는 향신료 향이 특징이며 레드브레스트와 그린 스팟이 대표적이다. 과거에는 고유한 특징을 지닌 아이리시 단식 증류 위스키가 평판 높은 싱글 몰트위스키와 어깨를 나란히 하기도 했다.

관련 주제
다음 페이지를 참고하라
아이리시 위스키 34쪽

3초 인물
배리 크로켓(1948~)
제임슨의 마스터 디스틸러로서 단식 증류 위스키가 블렌디드 위스키에 밀려날 위기에 처한 1980년대와 1990년대에 명맥을 이어간 사람이다.

30초 저자
피어넌 오코너

아이리시 위스키는 스카치와 마찬가지로 몰트위스키, 블렌디드 위스키, 싱글 그레인위스키를 망라하지만 가장 고유한 형태는 단식 증류 위스키다.

3분 심층정보
아이리시 단식 증류 위스키는 맥아와 '녹색' 풋보리를 혼합한 곡물이 재료며 기름진 질감과 생강 향이 두드러진다. 단식 증류 위스키에서 가장 중요한 요소는 질감이므로 한 모금 크게 입에 넣고 끈적이는 기름 식감과 고무처럼 감기는 향을 느껴보라. 그런 다음에 입을 열고 (삼키지 않은 채로) 숨을 내쉬어 입안에서 터지는 풋보리의 맵싸한 향을 느껴보라. 아이리시 위스키가 아무리 다양하다 하더라도 다시는 '아일랜드의 풍미'를 혼동할 일이 없을 것이다.

오늘날의 아이리시 위스키 업계에는 부드럽고 과일 향이 나는 위스키부터 기름지고 묵직한 위스키와 훈연 향이 나며 실험적인 위스키에 이르기까지 다양한 종류가 존재한다.

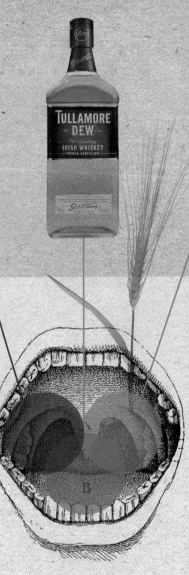

버번

30초 핵심정보

버번이 어떻게 생산되기 시작했는지는 추정만 무성할 뿐 정확히 알려지지 않았다. 켄터키 주 바즈타운은 버번 증류의 기원이 1776년으로 거슬러 올라간다고 주장하며 '세계의 버번 수도'라는 상표권을 등록하기까지 했다. 도시전설에 따르면 버번을 처음 만든 이는 일라이저 크레이그라는 침례교회 전도사라고 한다. 그가 인근 스콧 카운티서 증류한 원액을 불에 태운 화이트 오크 캐스크 안에서 숙성시키자 진한 색상과 목당(나무의 가수분해로 생성되는 당분)에서 비롯된 단맛이 특징인 술이 만들어졌다는 것이다. 라이 위스키와 달리 버번은 51% 이상 옥수수를 함유해야 하는데, 옥수수는 석회가 풍부한 토양에서 잘 자란다. 그렇게 생각하면 켄터키와 그 이웃 주들이 부분적으로 석회암 지층 위에 걸쳐져 있는 것은 결코 우연이 아니다. 석회암은 샘물을 정화하는 기능도 한다. 발효 과정에서 효소 작용을 돕는 칼슘만 남기고 불필요한 광물질을 제거하는 것이다. 버번은 칼럼 증류기나 칼럼 증류기에 솥이 부착된 기구에서 증류된다. 우드포드 리저브는 전 세계에서 유일하게 구리 단식 증류기에서 3회 증류를 거치는 버번이다. '스트레이트'라는 명칭이 붙은 버번은 최소한 2년의 숙성 과정을 거치도록 법으로 규정돼 있다. 세계에서 가장 많이 팔리는 버번 브랜드는 짐빔이며, 그 이외에도 버팔로 트레이스, 에반 윌리엄스, 포 로지즈, 메이커스 마크, 와일드 터키, 우드포드 리저브가 잘 알려진 경쟁자다.

관련 주제
다음 페이지를 참고하라
아메리칸 위스키 36쪽
연속식 증류 60쪽
테네시 위스키 100쪽

3초 인물
일라이저 크레이그
(1738년경~1808)
버지니아 태생의 침례교 전도사이며 1789년경에 증류소를 설립한 인물

존 리치(1752~1812)
스코틀랜드 태생의 켄터키 증류업자이자 버번의 또 다른 원조로 전해지는 인물

빌 새뮤얼스 주니어(1941~)
7대째 가업을 이은 미국의 증류업자로 메이커스 마크를 개발했다.

30초 저자
개빈 스미스

켄터키 주 클러먼트에서 생산되는 짐빔은 가장 인기 있는 버번 브랜드로 꼽힌다.

3초 맛보기 정보
켄터키 주는 수백 년에 걸쳐 버번 증류의 심장부 역할을 해왔으며 훌륭한 버번 브랜드 대다수의 원산지이기도 하다.

3분 심층정보
버번위스키는 켄터키 주 버번 카운티에서 이름을 따왔다. 버번이라는 지명은 영국과의 독립전쟁 당시 미국을 지원해준 프랑스 왕실 부르봉을 영어식으로 발음한 것으로서 프랑스에 대한 고마움의 뜻을 담고 있다. 위스키 애호가들 역시 매년 가을 바즈타운에서 1주일 동안 열리는 켄터키 버번 축제를 고마워한다.

테네시 위스키

30초 핵심정보

관련 주제
다음 페이지를 참고하라
아메리칸 위스키 36쪽
금주법 40쪽
버번 98쪽

3초 맛보기 정보
테네시 주는 켄터키 주에 이어 미국에서 가장 주목할 만한 증류주 중심지로 간주되며 세계에서 가장 많이 팔리는 위스키 잭 다니엘스의 원산지다.

3분 심층정보
목탄 여과는 링컨 카운티에서 개발됐기 때문에 링컨 카운티 공정으로도 불린다. '테네시 위스키'는 2013년에 이르러야 테네시 주법에 따른 법적 규정을 받게 됐다. 역설적이게도 1997년에 설립된 프리처드 증류소는 링컨 카운티에 있으면서도 링컨 카운티 공정을 단 한 번도 시행한 적이 없기 때문에 테네시 위스키로 분류되는 특별 허가를 받아야 했다! 테네시 주법은 (조지 디켈이 선호하던) whisky와 (잭 다니엘스가 사용한) whiskey 철자를 둘 다 허용한다.

테네시의 증류 산업은 그 기원이 적어도 18세기로 거슬러 올라가며 이미 19세기 말에는 700개 이상의 증류소가 가동됐다는 주장이 있다. 테네시 주 위스키 생산업자들도 켄터키 주 버번 생산업자들과 마찬가지로 금주법의 희생양이 됐으나 테네시 주가 1910년에 '금주'를 선언한 만큼 훨씬 더 일찍 문제를 경험했다. 그 후 28년 동안 생산이 재개되지 못했으며 오직 잭 다니엘과 조지 디켈의 증류소만이 다시 문을 열었다. 심지어 디켈의 증류소는 금주법이 폐지된 지 25년 후에야 재가동됐다. 테네시 위스키는 성분 면에서 버번과 동일하다(관련법에 따르면 둘 다 51% 이상의 옥수수를 함유해야 한다). 마찬가지로 불에 태운 새 오크통에서 원액을 숙성시켜야 한다. 1941년에 독자적인 명칭을 인정받은 테네시 위스키는 버번과는 달리 숯으로 여과한다. 이러한 목탄 여과는 디켈의 증류소 인근인 툴라호마의 앨프레드 이튼이 1825년에 창시한 공정이라고 기록돼 있다. 그러나 어떤 자료에 따르면 그보다 10년쯤 전에 목탄 여과가 시행됐다고도 한다. 새로 만든 원액을 두껍게 쌓은 단풍 숯을 통과해 우려내면 퓨젤유(발효 부산물)나 착향료 같은 증류 과정의 부산물 일부가 제거됨으로써 위스키 맛이 '달콤'하고 부드러워진다고 한다.

3초 인물
조지 디켈(1818~1894)
독일 태생으로 1844년에 미국으로 이주해 주류 상점을 열었다. 훗날 자신의 이름을 딴 위스키를 생산하게 되는 캐스케이드 할로우 증류소의 운영에 관여했다

잭 다니엘(1849~1911)
자신이 태어난 테네시 주 린치버그에 잭 다니엘스 증류소를 설립한 인물

30초 저자
개빈 스미스

조지 디켈과 잭 다니엘스는 테네시를 대표하는 2대 위스키 브랜드다.

캐나다

30초 핵심정보

캐나다는 지역별 위스키 스타일이라는 것이 존재하지 않는다. 앨버타 주의 블랙 벨벳, 하이우드, 앨버타 증류소에서 생산되는 위스키들을 보면 서로 약 1200킬로미터나 떨어진 매니토바 주 크라운 로얄이나 3개 주를 사이에 둔 온타리오 주 포티 크릭, 와이저스, 콜링우드, 깁슨스, 캐나디안 클럽 위스키보다 더 차이 난다. 버터스카치 느낌의 첫맛, 혀에 느껴지는 후추 향, 상쾌한 자몽 껍질의 여운을 내고자 개별 브랜드는 과일, 향신료, 약초, 꽃 풍미와 향을 첨가한다. 베이스 원액은 옥수수(때로는 밀이나 호밀)를 탑 형태의 칼럼 증류기에서 높은 도수로 증류한 다음 사용된 적 있는 캐스크에서 숙성시켜 만든다. 재활용 캐스크는 공기가 드나들어 새 캐스크에서는 발현되지 않았을 복합적인 풍미를 만들어낸다. 풍미를 더하는 플레이버링 원액은 호밀, 밀, 옥수수, 보리 중 한 가지를 원료로 하며 높지 않은 연속식 증류기와 단식 증류기에서 낮은 도수로 증류한 다음에 재활용 캐스크와 새 캐스크에서 숙성시킨다. 이 같은 과정을 거치면 곡물, 효모, 나무에서 나오는 풍미가 강화된다. 블렌더가 이처럼 별도로 만들어진 위스키를 배합하면 '캐나디안 위스키'라는 복합적인 증류주가 탄생한다. 캐나디안 위스키는 호밀을 원료로 하지 않더라도 '라이' 위스키라는 별명으로 불린다. 오늘날에는 각 증류소가 필요한 모든 위스키를 자체적으로 생산하는 일이 많다. 따라서 대부분의 캐나디안 위스키는 사실상 증류소 한 곳의 위스키만을 배합한 술이다.

3초 맛보기 정보
캐나디안 위스키를 음미하려면 역설적인 유머 감각이 필요할지도 모르겠다. '라이' 위스키라는 별명에도 불구하고 호밀 풍미에 국한되지 않고 각양각색의 풍미를 낸다는 것은 수많은 위스키 권위자가 마지못해 인정하는 사실이다.

3분 심층정보
캐나디안 위스키를 둘러싼 이야기는 사실보다 구전된 뜬소문이나 술집에서의 억측을 바탕으로 한다. 자칭 만물박사라는 사람들이 '캐나디안 위스키'라는 라벨이 붙은 술에 와인이나 위스키 이외의 숙성 증류주가 함유됐을 수 있다고 주장하기도 하지만 그들의 주장과는 달리 캐나디안 위스키에는 주정, 과일 주스, 메이플 시럽 같은 첨가물이 조금도 들어가지 않는다. 그보다는 위스키에 소량의 호밀이 풍미를 위해 첨가된다.

관련 주제
다음 페이지를 참고하라
스카치와 그 이외 위스키 18쪽
캐나디안 위스키 42쪽

3초 인물
새뮤얼 브론프먼(1889~1971)
가난한 동유럽(베사라비아) 이민자였던 그는 금주법 시대에 얻은 수익을 기반으로 시그램이라는 대기업을 설립했고 그 대가로 그토록 갈망하던 캐나다 상원의원 자리를 포기해야 했다.

존 홀(1949~)
빈손으로 포티 크릭 증류소를 일군 1세대 위스키 생산업자로서 캐나다 위스키가 21세기에 부활하는 데 공헌한 인물

30초 저자
다뱅 드 케르고모

캐나디안 위스키는 대개 증류소 한 곳의 위스키를 배합한 블렌디드 위스키이며 가장 유명한 브랜드로는 크라운 로얄과 캐나디안 클럽이 있다.

일본

30초 핵심정보

일본 최초의 싱글 몰트 증류소인 야마자키는 1923년에야 문을 열었다. 현재는 산토리 소유인 데, 달콤하고 부드러운 풍미에 미즈나라 숙성 방식 덕분에 향 연기와 계피 향이 미묘하게 느껴진다. 야마자키 증류소는 여섯 종류의 크고 작은 단식 증류기, 두 가지 형태의 발효조, 다섯 종류의 캐스크를 갖추고 있어 최대 60종의 다양한 원액을 생산할 수 있다. 역시 산토리 제품인 하쿠슈는 피트 향을 첨가한 원액과 그렇지 않은 원액을 증류한 다음 배합한 술이므로 은근한 훈연 향이 난다. 야마자키와 하쿠슈가 그레인위스키인 치타와 멋지게 결합된 위스키가 바로 블렌디드 위스키의 본보기라 할 만한 히비키다. 12년산 히비키 중 일부는 매실주를 만든 통에서 숙성된다. 산토리의 경쟁사 닛카가 소유한 요이치 증류소는 스코틀랜드 전통에 가장 충실한 곳이다. 석탄을 때서 증류기를 가열하며 웜텁을 사용해 묵직하고 기름진 위스키를 만들어낸다. 요이치 위스키 역시 독창성이 넘쳐나는 싱글 몰트다. 여러 품종의 효모로 발효하며 다양한 증류기에서 피트 향이 나는 원액과 그렇지 않은 원액을 생산해 만든다. 미야기쿄의 싱글 몰트는 가볍고 달콤하며, 같은 증류소의 그레인위스키뿐 아니라 좀 더 대담한 풍미의 요이치와도 잘 어우러지므로 배합해서 세계적인 수준의 위스키로 거듭난다. 그렇게 탄생한 블렌디드 위스키가 닛카 위스키 프롬 더 배럴이며, 미야기쿄와 요이치 원액의 배합은 타케츠루라는 훌륭한 위스키에서 정점을 이룬다.

3초 맛보기 정보

일본은 스코틀랜드와 달리 블렌더들이 갓 나온 원액(필링)을 교환하는 전통이 없다. 그 대신 위스키 생산업체들이 자체적으로 다양한 스타일의 싱글 몰트를 생산해 자급자족한다.

3분 심층정보

아쿠토 이치로는 조부가 세운 증류소가 철거될 당시 마지막으로 남은 캐스크 400개를 파기 직전에 수거했다. 그런 다음에 가능한 한 여러 종류의 캐스크를 입수해 위스키를 리래킹했다. 그렇게 해서 탄생한 제품이 그 유명한 하뉴 카드 시리즈다. 아쿠토는 작지만 갖출 것은 다 갖춘 치치부 증류소를 세웠으며 그 안에 쿠퍼리지를 두고 있다. 이곳에서는 아쿠토의 젊고도 우수한 싱글 몰트의 숙성을 가속화하고자 일본어로 '작은 통'을 뜻하는 치비다루 캐스크를 만든다.

관련 주제
다음 페이지를 참고하라
일본 위스키 44쪽
타케츠루 마사타카 106쪽

3초 인물

토리이 신지로(1879~1962)
일본의 약재도매상으로 출발해 현재 세계 3대 주류업체인 산토리의 모태가 되는 주류회사를 설립한 인물

아쿠토 이치로(1965~)
소량의 싱글 몰트를 생산하는 일본의 증류업자이자 치치부 증류소의 설립자

30초 저자
마르친 밀러

야마자키 증류소는 일본 최초의 증류소다. 가장 최근에 설립된 증류소는 아쿠토 이치로가 2007년에 설립한 치치부 증류소다.

1894년 6월 20일
일본 히로시마현
타케하라에서 태어나다

1918
12월에 스코틀랜드에
도착하다

1919
4월과 7월에 각각 롱몬과
보니스 증류소에서
수습생으로 일하다

1920
1월 8일에 제시 로버타
'리타' 코원과 결혼하다

1920
5월에 캠벨타운 헤이즐번의
수습생으로 들어가다

1920
11월에 일본으로 돌아오다

1923
6월에 토리이 신지로의
회사에서 일하기 시작하다

1924
11월 11일에 야마자키
증류소를 완공하다

1934
7월에 홋카이도 요이치에
(닛카의 전신인) 대일본과즙을
설립하다

1940
10월에 첫 번째 닛카
위스키를 출시하다

1961
1월에 아내 리타가
세상을 떠나다

1969
5월에 센다이 증류소를
세우다

1979년 8월 29일
85세의 나이로 세상을 떠나다

타케츠루 마사타카

위스키 증류업자의 삶이 텔레비전 드라마로 만들어지는 일은 거의 없다. 그런데 일본에서는 보기 드문 삶을 산 타케츠루의 50년 동안을 소재로 한 드라마 <맛상>이 (2014년 9월부터) 150회에 걸쳐 방영됐다. 19세기가 끝나갈 무렵에 전통주 양조장 가문에서 태어난 타케츠루는 제1차 세계대전 직후에 스코틀랜드로 건너가 글래스고 대학 유기화학과에 등록했다. 그는 위스키 제조 방법을 배우는 동안에도 틈을 내 리타 코원이라는 현지 여성과 연애하고 결혼했다. 리타의 삶은 어쩌면 남편보다도 훨씬 더 독특했다고 할 수 있다. 그녀는 외국인을 불신하던 일본에서 40년을 살았다.

타케츠루는 스코틀랜드에 있는 동안 롱몬, 보니스, 헤이즐번 증류소에서 수습생으로 일했으며 귀국하기 직전에는 리타와 함께 캠벨타운에서 살았다. 스코틀랜드 현지에서 직접 얻은 지식과 경험은 일본 위스키 산업의 밑바탕이 됐으니 타케츠루는 일본 위스키 산업의 아버지로 불릴 만한 인물이다. 그가 일본으로 귀국한 시기는 (일본 최대 규모의 음료회사 산토리의 설립자인) 토리이 신지로가 일본 최초의 '제대로 된' 위스키 증류소를 세운 시기와 일치했다. 토리이는 자본이 있었고 타케츠루에게는 일본에서 유일하게 토리이가 필요로 하는 기술이 있었다. 10년 계약이 체결됐고 타케츠루는 관리자 직책으로 야마자키 증류소의 기획과 건설에 나섰다. 토리이는 홋카이도가 적합한 장소라는 타케츠루의 제안에도 불구하고 교토에서 16킬로미터 떨어진 편리한 지역을 선택했다.

그 후 타케츠루는 40세의 나이에 자기 회사를 설립하고 홋카이도 최북단에 요이치 증류소를 설립함으로써 포부를 달성했다. 요이치 증류소는 외딴 위치까지도 스코틀랜드 하일랜드 증류소와 닮았다. 타케츠루의 이상은 스코틀랜드의 최상급 위스키에도 꿀리지 않을 정도로 정통성이 있는 위스키를 창조하는 것이었다. (타케츠루 자신을 비롯해) 일본 화학자들은 오랫동안 서양의 증류주를 모방한 합성품을 만들었지만 타케츠루는 전통적인 스코틀랜드 방식으로 새 위스키를 창조하는 식으로 진실성을 추구하려고 했다. 첫 위스키의 숙성 기간에 제2차 세계대전이 터졌고 그에 따라 원료 부족에 시달리는 등 수많은 장애물을 만났음에도 그 같은 목표를 달성하고자 일에 매달렸다.

타케츠루가 영향을 끼친 세심하고 과학적인 정밀성과 세밀한 집중력은 오늘날에도 일본 위스키를 세계적으로 성공케 한 비결로 남아 있다. 닛카의 증류소 두 곳에서 생산된 싱글 몰트를 배합한 위스키는 적절하게도 타케츠루라는 이름이 붙었다. 타케츠루 17년 위스키는 2015년 세계 최고의 블렌디드 몰트위스키로 선정됐다.

마르친 밀러

아시아와 오세아니아

30초 핵심정보

위스키의 세계는 지평을 확대하고 있다. 현재 일본에 이어 스카치, 아이리시 위스키, 버번을 위협하는 차세대 주자는 인도 위스키 아니면 타이완 위스키일 것이다. 인도의 암룻 증류소는 히말라야 산기슭에서 재배한 보리로 싱글 몰트위스키를 만든다. 암룻의 원액은 주로 버번을 담았던 캐스크에 담아 (해발 1000미터 정도인) 벵갈루루의 열대성 기후에서 숙성한다. 한편 고아의 형언할 수 없이 아름다운 열대 해변에서는 히말라야산 보리, 전통적인 단식 증류기, 따뜻한 날씨가 어우러져 폴 존이라는 품질 좋고 개성적인 위스키가 만들어진다. 그리고 2015년에는 타이완 위스키가 최고의 싱글 몰트 상을 받았다. 그 상을 받은 카발란 증류소는 2006년에 세계 최초로 아열대 기후권에 설립됐으며, 타이완 유일의 국제적 증류소다. 타이완의 높은 기온은 숙성이 빨라지고 풍미가 농축되는 결과로 이어진다. 숙성 연수를 무조건 표기하던 관행이 사라지기 시작하면서 단일 캐스크 숙성에 필요한 연수가 10년 미만으로 단축된 것이 오히려 장점으로 작용하고 있다. 이러한 성과는 동떨어진 사례에 그치지 않고 점점 더 확대돼 가고 있다. 실제로 몰트위스키의 전통적인 본고장 스코틀랜드, 아일랜드 그리고 북미 이외에도 다양한 기후와 위도는 물론 때로 놀랄 만한 고도에서 최상급 위스키가 성공적으로 생산되는 추세다.

3초 맛보기 정보
과도한 일반화일 수도 있지만 위스키 본고장이 아닌 지역의 증류업자를 아우르는 공통점은 이들이 전통에 얽매이지 않는다는 것이다.

3분 심층정보
빠른 숙성은 세계 위스키 무대에 뒤늦게 뛰어든 신생 증류소의 특징이다. 호주 태즈메이니아 주의 호바트 인근에 있는 라크 증류소는 태즈메이니아 섬의 유일한 합법 증류소로서 150년 동안 면허를 보유해 왔다. 이곳은 태즈메이니아 현지의 보리로 만든 원액을 100리터 용량의 캐스크에서 속성으로 숙성해 클래식 캐스크라는 이름의 싱글 몰트를 생산한다(크기가 작은 캐스크일수록 원액과 나무의 접촉면이 커져 숙성 기간이 단축된다).

관련 주제
다음 페이지를 참고하라
일본 104쪽

30초 저자
마르틴 밀러

아시아와 오세아니아에서는 다양한 신생 싱글 몰트 브랜드가 탄생하고 있으며 대표적으로 태즈메이니아의 라크와 인도의 폴 존 및 암룻이 있다.

그 이외 지역의 위스키

30초 핵심정보

관련 주제
다음 페이지를 참고하라
아시아와 오세아니아 108쪽

30초 저자
한스 오프링가

3초 맛보기 정보
현재 위스키는 전 세계적으로 곡물, 맑은 물, 효모, 전력이 원활하게 공급되는 지역 어디에서나 생산되고 있다.

3분 심층정보
일부 동유럽 국가는 위스키를 직접 생산한다고 주장하지만 다른 지역의 위스키를 구입해 현지에서 병입하는 것이 실상이다. 그 대표적인 위스키가 불가리아의 블랙 램이다. 체코 공화국만큼은 다를지도 모른다. 체코의 골드 콕 증류소는 1877년부터 골드 콕 위스키를 생산해왔다고 자랑한다. 두 가지 종류로 출시되지만 체코 국경 밖에서는 찾아보기 어렵다. 튀르키예는 과거에 정부 관리하에 테켈 위스키를 생산했다(테켈이라는 단어 자체가 튀르키예어로 독점을 뜻한다).

세계 5대 생산국 이외에도 모든 대륙과 기후권에서 여러 곡물을 재료로 위스키가 생산되고 있다. 웨일스에는 펜더린, 잉글랜드에는 세인트 조지스, 애드넘스, 레이크 증류소가 있다. 1990년대 중반 이후로는 유럽 전역에서 위스키가 생산됐다. 독일의 블라우에 마우스, 오스트리아의 로겐라이트, 비교적 최근에 나온 이탈리아의 푸니, 아이슬란드의 플로키를 비롯해 대부분 내수용으로 소량 생산된다. 그 이외에도 국제적으로 정평이 난, 특히 몰트위스키가 유럽 곳곳에서 생산되고 있다. 벨기에의 벨기에 아울, 골드리스, 덴마크의 브라우엔슈타인, 스타우닝, 파리 로칸, 핀란드의 테에렌펠리, 프랑스의 글란 아르 모르, 아르모릭, 네덜란드의 밀스톤, 프리스크 힌더, 스페인의 DYC, 스웨덴의 마크미라, 흐벤, 복스, 스위스의 센티스 등이 대표적이다. 심지어 독일의 슐리어스, 네덜란드의 밀스톤, 스웨덴의 마크미라 같은 일부 유럽 위스키는 상을 수상하기도 했다. 마크미라는 월귤 술을 담았던 캐스크를 비롯해 다양한 캐스크에서 숙성하는 혁신적인 위스키다. 중국은 원저우 증류소 설립을 발표했으며 러시아는 상트페테르부르크 인근에 증류소를 건설하고 있다. 다만 아직까지 중국과 러시아에서 출시된 위스키는 없다. 남미에서도 브라질의 유니언 증류소와 아르헨티나의 라 알라사나 증류소 등이 몰트위스키를 생산하고 있다. 한편 남아프리카의 주류회사 디스텔은 싱글 몰트인 쓰리쉽스와 그레인위스키인 베인스를 생산한다.

오늘날 위스키는 세계 각국에서 생산된다. 특히 유럽에서는 전통적으로 브랜디, 오드비(미숙성 브랜디), 아쿠아비트(스칸디나비아의 증류주) 등의 증류주 전통이 있는 나라에서 생산된다.

위스키 사업

위스키 사업
용어

냉각 여과 chill-filtration 도수가 높은 위스키는 냉각 시 살짝 혼탁해질 수 있다. 액체 안의 지방산 등의 지질이 침전되는 현상 때문이다. 소비자 입장에서는 달갑지 않은 현상이기 때문에 요즘 대부분의 위스키는 냉각 여과를 거친다. 병입 공정에서 위스키의 온도를 얼 정도로 떨어뜨리고 여과 장치로 압착해 지질을 걸러내는 식으로 '정제'한다. 그러나 위스키 전문가들은 지질이 질감에 큰 영향을 주는 요소임을 잘 알기 때문에 걸러내지 말고 그대로 놔두는 편이 최선책이라고 본다.

라 메종 뒤 위스키 La Maison du Whisky 1956년에 조르주 베니타가 설립하고 현재는 그의 아들 티에리가 물려받아 운영 중인 프랑스 파리의 위스키 유통업체.

배팅 vatting(동종품 혼합) 서로 다른 증류소의 위스키(주로 몰트위스키)를 배합해 '배티드 몰트(vatted malt)'나 '퓨어 몰트(pure malt)'나 '스트레이트 몰트(straight malt)'를 만들어내는 작업. 현재는 2009년에 제정된 스카치위스키 규정에 따라 이 모든 용어가 '블렌디드 몰트'로 대체됐다.

버티컬 테이스팅 vertical tasting(수직 시음) 위스키 한 종류의 내용물을 숙성 연수별로 시음하는 것.

보세 상태 under bond 면세 창고에 보관 중이거나 관세를 치르기 전에 선적된 위스키.

블레어 성 Blair Castle 블레어 성은 아톨 공작의 저택이자 가장 권위 있는 위스키 단체 키퍼스 오브 더 퀘익(Keepers of the Quaich)의 본부이기도 하다. 1988년에 설립된 해당 단체는 전 세계적으로 스카치 위스키의 명성과 성공에 중대하게 기여한 사람을 선정해 회원으로 삼는다.

숙성 연수 미표기 NAS expression 숙성 연수가 표기되어 있지 않은 위스키를 숙성 연수 미표기(NAS) 위스키라고 부른다. 이때 '표기(expression)'라는 용어는 병입된 위스키와 관련된 정보를 뜻한다. 예를 들어 어떤 몰트위스키가 NAS인지 아니면 12, 18, 21, 25년 동안 숙성된 위스키인지, 캐스크 스트렝스인지, 와인 숙성에 사용된 캐스크에서 마무리됐는지 등을 비롯해 최대 7가지 정보가 기입될 수 있다.

숙성 연수 표기 age statement 술병 라벨에 표기된 연수는 그 내용물의 숙성에 소요된 최소 기간이다. 위스키가 특정한 숙성 연수일 때 병입되면 영원히 그 나이를 유지한다. 예를 들어 10년 동안 숙성을 거쳐 1960년에 병입된 위스키는 현재나 미래에나 열 살이다. 나이가 많은 위스키일수록 대체로 희귀하며 수집가와 투자자 사이에서 수요가 높다. 이 글을 쓰는 현재 가장 나이가 많은 스카치는 2015년에 병입된 75세 위스키다. 해당 위스키는 무려 75년이나 오크 캐스크에서 숙성을 거쳤다. 그러나 이제 캐스크가 아닌 유리병에 담긴 이상 영원히 75세로 남게 됐다.

와인 피니싱 wine finishing 위스키를 와인(주로 포트와인이나 올로로소 셰리)을 담았던 캐스크로 옮겨 마지막으로 1~2년 더 숙성하는 기법.

증류일자/빈티지 date distilled/vintage 어떤 위스키가 증류된 날짜를 말한다. 빈티지는 표기하지 않는 것이 관행이지만 표기할 경우 한 병에 들어가는 위스키는 모두 같은 해에 증류된 것이어야 한다. 싱글 캐스크(single cask, 단일 캐스크의 원액만이 병입된 위스키)나 그 이외 극소수 한정판 제품과 같이 매우 드문 경우에는 정확한 날짜/달/연도가 명시되기도 한다. 그러나 빈티지가 오래된 위스키라도 '젊은 위스키'일 가능성이 있다. 예를 들어 1950년에 증류된 위스키라도 10년의 숙성을 거쳐 병입되면 열 살짜리 위스키다. 위스키가 특정한 연수에 병입되면 영원히 그 나이로 남는다.

캐스크 스트렝스 cask strength 물에 희석되지 않고 그대로 병입된 위스키의 도수를 뜻한다. 일반적으로 50%ABV와 60%ABV 사이다. 전통적으로 캐스크에는 63.5%ABV(110프루프)의 원액이 채워지지만 원액은 숙성 과정에서 도수가 내려가 대개 40%ABV나 43%ABV 상태로 병입된다. '캐스크 스트렝스'는 법에 명시된 사항이 아니며 단순히 높은 도수의 위스키를 나타내는 표현이다.

퀘익 quaich 게일어로 '컵'을 뜻하는 cuach에서 유래한 단어. 2개 이상의 '손잡이'(lug)가 달린 얕은 술잔이다. 퀘익의 형태는 가리비 껍데기를 본뜬 것이라고 알려져 있다. 원래는 나무판자로 만들었고 나중에는 은으로 테두리를 둘러 장식했다. 현재는 대부분 은이나 주석으로 만들어진다.

특허 증류기 patent still (제2장의 용어 설명에서 '칼럼 증류기' 항목을 참조하라.)

휴면 증류소 silent distillery 일시적으로 문을 닫거나 '퇴역'했지만 언제든 생산을 재개할 수 있는 증류소.

블렌딩 하우스

30초 핵심정보

1820년대부터는 여러 종류의 위스키를 증류주 상인과 주점 주인이 배합했다는 기록이 있다. 특히 특허 증류기로 만든 값싼 그레인위스키가 시중에 나온 1830년대 이후로는 위스키 배합이 흔했다. 1853년에는 관세 납부 전인 몰트위스키를 배팅하는 것이 허용됐다. 이를 통해 처음으로 이득을 취한 증류소가 글렌리벳의 에든버러 대리점이자 '어셔스 올드 배티드 글렌리벳'이라는 브랜드명을 단 위스키를 최초 출시한 앤드루 어셔였다. 더 나아가 1860년의 의회제정법에 따라 보세 상태인 몰트와 그레인위스키를 배합하는 것이 허용되면서 이 조합이 표준으로 자리 잡았고 오늘날에도 이름만 대면 알 법한 주류회사 다수가 어셔의 선례를 따랐다. 매슈 글로그는 1860년에 이미 스코틀랜드 퍼스의 자기 상점에서 블렌디드 위스키를 판매했고 같은 해에 존 듀어는 처음으로 영업사원을 채용했다. 아서 벨은 1862년에 블렌디드 위스키 두 종류로 런던 시장에 진입하려 했지만 성공하지 못했다. 조니 워커의 아들 알렉산더 워커는 1867년에 '올드 하일랜드 위스키'를 내놓았다. 필록세라 진디(포도나무 뿌리 진디)가 프랑스 포도원을 초토화하자 블렌디드 스카치가 코냑 대신 잉글랜드 중산층이 선호하는 술이 됐다. 1900년에는 워커, 듀어, 부캐넌이라는 세 회사가 우위를 점한 상태였다. 캐나다에서는 조지프 시그램과 W. P. 와이저가 위스키 블렌딩을 연구했고 하이럼 워커가 숙성 전 원액을 배합하는 방식을 검토하고 있었다. 그러나 그때도 아이리시 위스키와 아메리칸 위스키는 배합되지 않은 상태로 남았다.

관련 주제
다음 페이지를 참고하라
스카치의 역사 30쪽
연속식 증류 60쪽
블렌딩 66쪽
캐나다 102쪽

3초 인물
데이비드 스튜어트(1945~)
1962년에 윌리엄 그랜트 앤드 선즈에 입사해 1974년에 몰트 마스터)와 마스터 블렌더에 임명됐다. 위스키 산업에 대한 공로를 인정받아 2015년에 대영제국 훈작사(MBE)를 받았다.

콜린 스콧(1949~)
시바스 브라더스의 마스터 블렌더 지미 랩 밑에서 16년 동안 수습 생활을 했으며 1989년에 시바스의 마스터 블렌더에 임명됐다.

30초 저자
찰스 머클레인

블렌더의 기술은 브랜드의 풍미 프로파일에 맞는 위스키를 일관성 있게 만들어내는 것이다.

3초 맛보기 정보
다양한 위스키를 배합하면 일관성이 있어 브랜드화가 가능한 상품을 만들어낼 수 있다. 현재와 같이 전 세계적인 위스키 산업을 일군 것은 블렌딩이다.

3분 심층정보
1880년대 이전에는 스코틀랜드와 잉글랜드를 통틀어 아이리시 위스키의 판매량이 스카치를 3~5배나 앞섰다. 아이리시 위스키가 좀 더 가볍고 일관성 있는 술이라는 인식이 있었기 때문이다. 존 제임슨, 윌리엄 제임슨, 존 파워, 조지 로 등의 아이리시 위스키 선두주자들은 칼럼 증류기를 경멸했고 1878년에는 블렌딩을 비판하는 성명서를 냈다. 그러나 결국에는 그들 역시 블렌더가 됐다.

독립 병입자

30초 핵심정보

3초 맛보기 정보
독립 병입자는 본인이
소유하지 않은 증류소의
싱글 몰트를 대개 싱글
캐스크 방식으로 유리병에
넣은 다음에 자기 상표를
붙여 소량으로 판매한다.

3분 심층정보
독립 병입자의 평판은
캐스크 선정에 좌우된다.
최고의 업체는 위스키
산업의 틈에서 숨은 보석을
발견해내는 재주가 있다.
그뿐만 아니라 유명
증류소의 불합격품을
병입하지 않는 배짱이 있다.
컴파스 박스 같은 독립
병입업체는 자사의
독립성을 활용해 영역을
확장하고 창의적으로
풍미를 탐구하고 있다.

싱글 몰트를 출시하는 회사와 증류하는 회사가 항상 일치하는 것은 아니다. 제3자가 원액을 병에 넣어 판매하는 경우도 있다. 블렌더들에게는 남은 원액을 처분하거나 부족한 원액을 보충할 수 있는 시장이 필요하다. 이러한 수요에 부합하는 것이 원액이 담긴 캐스크를 거래하는 2차 시장이다. 이러한 틈새를 공략한 이들이 바로 독립 병입자들이다. 이들은 2차 시장에서 통째로 구매한 원액을 유리병에 넣고 자기 상표를 붙이고 대개 원액이 생산된 증류소의 이름을 표기해 판매한다. 브랜드를 보유한 증류소는 독립 병입이 품질 관리, 브랜드 이미지 구축, 가격 책정, 고유한 스타일에 지장이 간다고 꺼리지만 예외적으로 품질이 뛰어난 상태로 유지되는 경우도 있다. 더욱이 이 이단아들은 기존 증류소의 위스키에 기발한 변형을 가할 뿐만 아니라 (물과 섞일 때의 혼탁을 방지하는) 냉각 여과나 위스키에 색상과 광채를 내려고 캐러멜 등의 인공 착색료를 첨가하는 등의 인위적인 공정을 배제하는 자연주의적 병입으로의 전환을 주도하고 있다. 1970년대와 1980년대에는 원액을 전량 블렌딩해 판매하는 증류소의 위스키를 원래 상태로 맛보려면 고든 앤드 맥페일과 케이든헤즈 같은 소규모 독립 병입자를 찾을 수밖에 없었다. 최근 (세계 5대 위스키 생산국을 통틀어) 위스키 수요가 급증하면서 독립 병입자가 양질의 캐스크를 확보하기가 어려워졌다. 그 때문에 독립 병입자 다수가 자체 증류소를 세우거나 매입하고 있다.

관련 주제
다음 페이지를 참고하라
블렌딩 하우스 116쪽

30초 저자
아서 모틀리

아델피 증류소는 캐스크 선정에 가장 까다로운 독립 병입 업체 가운데 하나다. 이들이 출시하는 제품은 매번 순식간에 품절된다. 따라서 매우 민첩해야만 아델피의 위스키를 구매할 수 있다. 아델피는 위스키에 정통하며 숙성을 제대로 이해하고 있는 데다 뛰어난 후각으로 원액이 언제 병입되기에 적당한지를 파악한다.

키퍼스 오브 더 퀘익

30초 핵심정보

키퍼스 오브 더 퀘익은 '슈발리에 뒤 타스트뱅'과 '코망드리 드 보르도' 같은 프랑스의 옛 와인 길드로부터 영감을 얻은 주요 증류소들이 1988년에 설립한 단체로, 스카치 위스키에 중대하게 기여한 이들을 선정해 회원 자격을 부여한다. 100여 개국의 2549명만을 회원으로 받아들이고 있는 이 단체는 자체적인 문장, Uisgebeatha gu Brath(위스키는 영원하다)라는 좌우명, 타탄(다양한 색의 격자를 넣은 스코틀랜드 모직물)을 정했으며 모두 스코틀랜드 문장원 장관이 승인한 것들이다. 본부가 있는 블레어 성에서는 매년 두 차례 새로운 회원과 마스터를 받아들이는 연회가 열린다. 이곳에 초대된 연사로는 영국의 앤 공주, 찰스 왕세자(현 찰스 3세), 모나코 국왕 알베르 2세, 재키 스튜어트, 스텔라 리밍턴, 미국 40대 대통령 로널드 레이건, 남아공의 전임 대통령 F.W. 데 클레르크, 작가 알렉산더 맥콜 스미스 등이 있다. 또한 아가일 공작, 아톨 공작, 파이프 공작, 엘긴 백작, 에롤 백작, 달루지 백작, 홉튼 백작, 서소 자작 등의 후원을 받는다. 운영 위원회는 설립에 참여한 주류회사 각각의 관계자로 구성되며 회원 가입은 단체의 초청에 의해서만 가능한데, 기존 회원이 제안한 후보자 중에서 선정된다.

호황과 불황

30초 핵심정보

위스키는 생산에서 정식 판매까지 몇 년 이상을 기다려야 한다는 점에서 지극히 독특한 상품이다. 그러므로 증류소는 모종의 수단을 활용해 앞으로 5년, 10년, 심지어 20년 후에 매출이 어느 수준에 이를지를 예측해야 한다. 실제로 호황기와 불황기는 항상 존재해왔고 그에 따라 유통할 위스키가 부족해지거나 아니면 과잉 공급된 위스키가 시장에 넘쳐나곤 했다. 스카치 위스키는 19세기 후반부에 들어서 전 세계적으로 수요가 폭발함에 따라 대호황기가 펼쳐졌다. 신생 증류소가 설립됐고 기존 증류소는 현대화와 확장에 나섰다. 궁극적으로 공급이 수요를 훌쩍 초과했다. 1898~1899년에 부정한 방법으로 사업을 해왔던 증류/블렌딩 업체 패티슨스가 파산함에 따라 위스키에 낀 거품이 꺼졌다. 그 후 반세기 넘도록 위스키 침체기가 이어졌다. 1960년대와 1970년대에는 미국에서의 수요 증가에 힘입어 다시 스카치 붐이 일었지만 과잉 생산은 다시 한 번 위스키 산업을 궁지에 빠뜨렸고 그 결과 영국 최대 규모의 유통업체이던 디스틸러스 컴퍼니는 1983년부터 1985년까지 23개 이상의 몰트위스키 증류소를 폐쇄하기에 이르렀다.

관련 주제
다음 페이지를 참고하라
블렌딩 하우스 116쪽

30초 저자
개빈 스미스

3초 맛보기 정보
각국의 위스키 산업은 시장의 힘에 의존하는 상업 활동인 만큼 세계 경제의 성장과 둔화에 따라 호황과 불황을 겪을 수 있다.

3분 심층정보
21세기에 들어서자 스카치 위스키는 다시 한 번 호황을 누리게 됐다. 2012년에는 수출액이 43억 달러로 정점을 찍었는데 10년 만에 무려 87%나 증가한 셈이다. 과거와 마찬가지로 대형 주류회사들이 신생 증류소를 설립했고 기존 증류소 대부분 효율과 생산 능력이 개선됐다. 그러나 2012년 이후로 수출이 소폭 감소했고, 증류소들은 어느 정도의 경각심을 품은 채 추가 확장 계획을 검토 중이다.

위스키 시장은 항상 유동적인 상태에 있다. 오늘날 전 세계적으로 신생 증류소가 문을 열고 있는 상황에서 위스키 사업의 미래가 어떻게 펼쳐질지 예측하기란 어렵다.

스카치 몰트위스키 협회

30초 핵심정보

3초 맛보기 정보
스카치 몰트위스키 협회는
세계 최고의 위스키 클럽
중 하나로서 회원들에게
다양하고도 엄선된 싱글
캐스크 위스키를 접할 수
있는 기회를 제공한다.

3분 심층정보
위스키 애호가들은 자신과
생각이 비슷한 사람들과
더불어 희귀한 싱글 몰트에
대한 호기심을 충족하고
그 풍미를 즐기고자 협회에
가입한다. 협회는 시음
위원회가 엄선하고 캐스크에
있는 원액 그대로 병입한
위스키만을 회원들에게
제공한다. 현재 북미가 영국
다음으로 큰 시장이지만
타이완, 일본, 중국에서도
협회에 대한 관심이 빠른
속도로 커지고 있다.

스카치 몰트위스키 협회는 1970년대 후반에 시작됐다. 필립 '핍' 힐스가 단일 캐스크만의 원액을 희석하지 않은 상태로 (전문가들이 위스키의 풍미와 질감을 떨어뜨린다고 보는) 냉각 여과 없이 병입한 스카치 몰트위스키의 매력에 눈을 뜨면서 생겨난 단체다. 힐스는 자신의 경험을 대학 친구에게 전달했고 1978년에 친구들과 함께 싱글 캐스크를 구매하고 병입해 즐기는 비공식 단체를 결성했다. 그러다 1983년에 오랜 역사를 지녔지만 방치된 건물 '더 볼츠(에든버러 리스에 있으며 연대가 12세기까지 거슬러 올라가는 곳)'가 매물로 나오자 단체는 더 볼츠를 매입한 후에 수리해 회원 전용 공간, 시음 공간, 협회 사무실을 만들고 회원 전용 클럽으로 변모시켰다. 그때부터 회원 숫자가 2만8000명 정도로 늘어났고 16개국에 가맹 지점이 생겨났다. 1996년 런던에 회원 전용 공간이 문을 열었고 2004년에는 에든버러 뉴타운에 2번째 공간이 확보됐다. 같은 해에 협회는 글렌모렌지에 인수됐지만 2015년에는 다시 개인 소유로 돌아갔다. 회원 자격은 연회비를 지급하는 세계 각국 모든 사람에게 열려 있으며, 회원이 되면 협회 공간에 입장할 수 있는 권한과 (132개 증류소에서 매년 450개 정도가 생산되는) 한정판 싱글 캐스크 제품을 구매할 수 있는 기회가 제공된다. 게다가 계간으로 발행되는 협회지를 받고 협회가 영국과 세계 각국에서 개최하는 시음 행사에 참여할 수 있다.

관련 주제
다음 페이지를 참고하라
키퍼스 오브 더 퀘익 120쪽

30초 저자
찰스 머클레인

에든버러 리스의
더 볼츠는 원래 와인
상점으로 사용되다가
스카치 몰트위스키 협회가
매입했다.

1968년 3월 2일
런던에서 나린더 싱과
부핀더 카우르 소니의
아들로 태어나다

1971
부모님이 런던 서부 한웰에
식품점을 열다

1990
스코틀랜드 위스키 경매에
처음으로 참석하다

1991
런던 시티 대학을 졸업하고
부모님의 식품점에서
정식으로 일하기 시작하다

1991
부모님의 식품점을 '더 네스트'
라는 이름으로 새롭게 선보여
큰 성공을 거두다

1992
더 네스트가 그해의 '오프라이
선스(주류 판매만 가능하고
내부에서의 음주는 허용받지 못한
상점)'로 선정되다. 개인 소유
의 소규모 상점으로는 놀랄
만한 성과다

1998
부모님의 은퇴로 더 네스트를
매도하다

1999
형제인 라지비르와 온라인
상점인 '더 위스키 익스체인지'
를 설립하다

2000
처음으로 독립 병입 사업을
시작해 1969년산이고 31년이
된 글렌 그랜트를 병입하다

2005
런던 브리지의 주류 쇼핑몰
비노폴리스에 최초의 런던
매장을 열다

2006
엘리먼츠 오브 아일러 세트를
출시하다

2009
포트 아스케이그 세트를
출시하다

2009
런던 길드홀에서 첫 위스키
쇼 축제를 개최하다

2014
수킨더와 라지비르가 그해의
영국 100대 창업가 안에 들다

2015
온라인 전용의 위스키 경매
회사 위스키닷옥션을 설립하고
런던 코벤트 가든에 신규
플래그십 매장을 열다

수킨더 싱

수킨더 싱은 세계적으로 선두를 달리는 위스키 수집가이자 더 위스키 익스체인지(이하 TWE)의 공동 소유주다. 그가 설립한 TWE는 위스키 유통업계를 장악하는 회사로 성장했다. 수킨더 싱은 대표적인 위스키 권위자이자 스카치 홍보에 앞장서는 전도사로도 유명하다. 예상 외로 그의 출발은 소박했다. 1990년대만 해도 동생 라지비르와 함께 부모님의 오프라이선스 상점을 관리하던 그는 이후 꾸준히 사업을 구축해나갔으며 결국 그의 회사는 갓 출시된 위스키나 오래되고 희귀한 위스키의 유통, 자신의 라벨과 브랜드를 내세운 독립 병입 사업, 위스키 도매, 위스키 전문가를 위한 축제 개최, 경매를 아우르게 됐다.

싱의 부모님은 1971년 런던 서부의 한웰에 식품점을 열었다. 이러한 환경은 그의 경력 형성에 중요한 영향을 준 것으로 보인다. 싱은 어린 나이부터 가게에 있던 미니어처 술병에 관심을 가졌고 그 당시 런던에서는 드물게 싱글 몰트를 갖춘 그의 부모님 가게를 찾은 단골손님과 대화하기를 즐겼다. 그가 처음으로 수집하기 시작한 것도 미니어처 위스키였으며, 이제까지 700개 넘는 미니어처를 모았다고 한다.

1991년 수킨더 싱은 감정 평가 전공으로 대학을 졸업했다. 공교롭게도 그 당시는 런던 역사상 최악의 부동산 폭락이 일어났던 때였기에 그는 부모님의 가게를 맡아서 위스키 종류를 늘리는 등 규모를 키웠다. 이렇게 해서 새로 탄생한 '더 네스트'는 1991년 문을 열었고 충성스러운 고객을 끌어들였다.

그와 동시에 싱은 글래스고의 크리스티 위스키 경매에 참석해 본격적으로 위스키를 수집하기 시작했다. 1990년대 내내 일본과 유럽의 수집가며 애호가들과 인맥을 수없이 쌓아갔고 그러면서 위스키 음미와 수집의 세계에 점점 더 몰입하게 됐다.

1998년에 부모님이 은퇴했을 때 싱 형제는 위스키 사업에만 집중하기로 했다. 두 사람은 런던 중심부에 가게를 열겠다는 계획을 막판에 뒤집고 온라인 채널을 택하기로 결정했다. 라지비르의 친구가 웹사이트를 구축했고 작은 창고 공간도 마련됐다. 웹사이트 개설 이틀도 지나지 않아 주문이 들어오기 시작했다. 그때부터 사업과 싱의 수집품 규모는 계속해서 성장해나갔다. 오늘날 TWE는 오래되고 희귀한 위스키를 가장 많이 보유하고 있는 업체로서 싱글 몰트와 블렌디드 위스키는 물론 그 이외 수많은 고급 증류주 등 제품 개수가 4000여 개에 이른다. 시간이 흐름에 따라 두 사람의 독자적인 제품과 브랜드 역시 증가해 현재 몰츠 오브 스코틀랜드, 더 위스키 소사이어티, 포트 아스케이그, 엘리먼츠 오브 아일러 등의 상표로 출시돼 있다. 2015년에 TWE는 런던 코벤트 가든에 신규 플래그십 매장을 열었고 이곳에서 위스키 등 증류주는 물론 다양한 샴페인, 와인, 크래프트 맥주도 판매하기 시작했다.

앵거스 맥레일드

위스키 전문 상점

30초 핵심정보

3초 맛보기 정보
위스키 전문 상점은
300종이 넘는 위스키를 항상
구비해두는 것쯤은 대수롭지
않게 여긴다. 온라인 유통
특유의 광범위한 고객
접근성에 힘입어 재고를
지속적으로 회전할 수 있기
때문이다.

3분 심층정보
독특한 위스키 컬렉션을
구축하려면 위스키 전문
상점과 좋은 관계를 맺는 것
이 필수적이다.
마찬가지로 식견이 있는
위스키 애호가라면
슈퍼마켓의 저렴한 할인
품목을 찾아다니기보다는
단골 상점에서 주기적으로
위스키를 구입해둬야
인기 있는 제품을 확보할
확률이 올라간다.

최근 들어 위스키 전문 상점이 위스키 판매뿐 아
니라 블렌더의 작업에 중요한 역할을 담당하는
추세다. 밸런타인, 시바스, 조니 워커, 더 페이
머스 그라우스 같은 제품 모두 주류 판매 면허가
있는 식품점의 지하 저장고에서 창조됐다. 위스
키 전문 상점이 등장하기 시작한 때는 싱글 몰트
에 대한 관심이 되살아난 20세기 후반부다. 예를
들어 1956년에 파리의 라 메종 뒤 위스키가 문을
열었고 1970년대 런던에서는 주류 판매점인 밀
로이스 오브 소호가 위스키에 중점을 두기 시작
했는데 초창기에는 고작 4개 브랜드만을 취급했
다! 1991년 에든버러의 로열 마일 위스키가 문
을 열었고 이듬해에 아가일 인버레라이에서 로
크 파인 위스키가 그 뒤를 따랐다. 둘 다 최초로
온라인 위스키 판매에 나선 업체다. 슈퍼마켓과
공항, 기차역의 상점은 이따금씩 놀랄 만한 할인
혜택을 제공해왔지만 1980년대에 위스키 원액
의 재고가 바닥남에 따라 위스키 산업의 초점은
숙성 연수 미표기 제품 등 특수한 제품군으로 옮
겨갔다. 그러다 1990년대 들어서 다양한 제품을
취급하는 TWE와 이단아처럼 등장한 마스터 오
브 몰트 등이 오프라인 사업 경험을 바탕으로 온
라인 사업에 뛰어들면서 모든 것이 뒤바뀌었다.
온라인 유통 덕분에 위스키 전문 상점은 외딴 지
역에서도 승승장구할 수 있게 됐다. 게다가 속도
가 빠른 온라인 판매에 맞는 홍보가 중요해지고
서사가 부각된 한정판 상품이 다수 기획됨에 따
라 증류업체의 위스키 출시 방식에도 변화가 찾
아왔다.

관련 주제
다음 페이지를 참고하라
스카치의 역사 30쪽
위스키 수집 130쪽

3초 인물
에도아르도 자코네
(1928~1996)
이탈리아의 위스키 애호가로
1958년에 이탈리아 가르다
호숫가에 자신의 첫 번째
위스키 바와 상점을 열었다.
개인 소장용으로 종류가
각각인 5502병을 수집해
위스키 수집가로는 최초로
《기네스 세계기록》에
이름을 올렸다.

30초 저자
아서 모틀리

*온라인 유통의 인기 상승은
위스키 판매업자들에게도
이득이 됐다.*

위스키 수집

30초 핵심정보

3초 맛보기 정보
우표와 주화는 잘 알려진 수집 대상으로서 관련 시장도 형성돼 있다. 위스키 역시 희귀 품목을 귀중한 소유물로 보는 인식이 확산됨에 따라 수집가들이 애지중지하는 수집 대상이 됐다.

3분 심층정보
위스키가 수집 대상이 되자 오래지 않아 모조품이 출현했다. 귀한 술병을 구해 다른 술을 채우고 그럴듯하게 밀봉하는 건 그리 어려운 작업이 아니며, 실제로 일부 국가에서는 빈 술병을 사고파는 일이 활발하게 이루어진다. 사기꾼들은 옛날 라벨을 위조해 '오래된' 술이라고 속여 경매에 붙이기도 한다. 2016년 5월에는 모조품이 1903년에 병입된 라프로익으로 둔갑해 경매에 나왔다. 진품이었다면 거액을 호가했을 것이다. 모조품을 가려내는 철칙은 믿기지 않을 정도로 완벽한 제품은 믿지 말아야 한다는 것이다. 어쨌든 구매자가 철저히 확인하는 수밖에 없다!

인간은 수집의 열정이 있어서 온갖 종류의 '물건'을 모으려 한다. 우리에게는 형태가 있는 자산을 확보하고 소유하며 자랑하려는 욕구가 있으며 그러한 유형 자산에는 위스키도 포함된다. 현대 들어 본격적인 위스키 수집이 시작된 곳은 이탈리아일 것이다. 1970년대와 1980년대에 이탈리아 사람들은 품질이 뛰어난 스카치를 사재기하면 돈이 된다는 것을 깨달았다. 그 당시만 해도 다른 나라에서는 '싱글 몰트 스카치'에 대한 인지도가 거의 없었기에 지구에서 가장 품질 좋은 위스키가 대량으로 이탈리아에 수출됐다. 이러한 위스키 중 상당수가 소비됐지만 수집품이 된 위스키도 많았다. 다시 오늘날로 돌아와보자. 희귀하고 가치 있는 위스키에 대한 수요가 그 어느 때보다도 증가하고 위스키의 가치가 날이 갈수록 상승함에 따라 위스키 수집 시장 자체가 전 세계 위스키 산업의 한 부분을 차지하게 됐다. 위스키 생산업체는 한정판, 희귀한 제품, 빈티지 버티컬(브랜드는 같고 연도는 다양한 위스키 세트) 등을 무수하게 내놓음으로써 수집가들을 적극적으로 공략하고 있다. 위스키를 수집하는 이유는 한도 끝도 없는 듯하다. 어떤 수집가는 모든 증류소의 위스키를 원하며 어떤 이는 자기가 좋아하는 증류소의 위스키를 모조리 수집하려고 한다. 자기가 태어난 해의 빈티지를 수집하는 사람이 있는가 하면 일부는 투자를 위해 수집한다. 나중에 맛보려고 희귀 품목을 무조건 비축해두는 사람도 있다.

관련 주제
다음 페이지를 참고하라
위스키 투자 132쪽

3초 인물
발렌티노 자가티(1931~)
이탈리아의 위스키 수집가로서 3013병으로 이루어진 자신의 세계적인 컬렉션을 매각했다. 정확한 판매 대금은 공개되지 않았지만 수백만 파운드에 이르는 것으로 추정된다.

30초 저자
앤디 심슨

위스키 병은 형태와 크기가 다양하다. 일부 수집가는 내용물보다 술병 자체에 관심이 있어 위스키를 사들이는 반면에 내용물에 더 큰 관심이 있는 수집가도 있다.

50

65

50

1964

50

50

100

위스키 투자

30초 핵심정보

3초 맛보기 정보
더해가는 희소성과 급증하는 수요로 말미암아 특정한 위스키가 엄청난 인기를 누리는 투자 상품이 되어가고 있다.

3분 심층정보
위스키는 와인보다 보관이 훨씬 간편할뿐더러 더 장기간 보관할 수 있다. 밀봉된 위스키병은 상온에서 직사광선을 피해 보관해야 하며 코르크 마개가 알코올에 닿아 부식되지 않도록 똑바로 세워두는 것이 좋다. 무엇보다도 술에 목마른 손님의 눈을 피해 숨겨두라! 어느 투자나 그렇듯이 위스키 투자에도 위험이 따른다. 병을 떨어뜨리거나 실수로 열어버리면 그 위스키는 단번에 무가치한 것이 된다. 어떤 국가/주에서는 법적으로 개인이 술을 판매하는 것이 어려울 수 있다.

분명한 사실부터 짚고 넘어가겠다. 위스키는 술이고 마시기 위해 존재한다. 그러나 특정한 위스키는 마개를 열지 않고 보관하는 것 자체로 경제적 보상을 거둬들일 수 있다. 매우 희귀하고 오래되고 품질이 좋은 일부 위스키는 가격이 천정부지로 치솟기도 한다. 인기 있는 브랜드의 한정판과 기념판은 잠깐 새에 가격이 2~3배로 뛰어오른다(맥캘란, 발베니, 아드벡, 달모어, 라가불린, 라프로익이 그 대표적인 사례다). 문을 닫아 더 이상 원액을 생산할 수 없는 증류소의 위스키 역시 갈수록 희귀해지며 수요가 많다. 포트 엘런, 브로라, 로즈뱅크는 '조용'하지만 수요가 큰 브랜드들이다. 빈티지(증류 시기)가 오래된 품목과 긴 숙성 연수가 표기된 품목 역시 맹렬한 수요가 있는데 최상급의 품목만이 합격점을 얻는다. 오늘 누군가의 투자 대상이 미래에는 다른 사람이 가장 원하는 술이 될 수도 있다는 이야기다. 과거에는 스카치에 국한되어 있던 위스키 투자 시장에서 최근 희귀한 일본과 미국산 위스키의 가치가 급격히 상승하고 있다. 신중한 투자자들은 완전히 밀봉된 술병만을 산다. 캐스크는 샐 수 있으며 병입되고 나서도 품질이 좋으리란 보장이 없기 때문에 투자 대상으로는 너무 위험하다. 따라서 캐스크는 증류소의 몫으로 남겨두는 편이 낫다.

관련 주제
다음 페이지를 참고하라
위스키 수집 130쪽

3초 인물
주세페 베그노니(1951~)
세계에서 가장 많은 컬렉션을 소유한 것으로 알려진 이탈리아 위스키 애호가

클라이브 비디즈(1934~)
3384병의 컬렉션을 에든버러 스카치 위스키 체험관에서 상설 전시하고 있는 브라질의 위스키 애호가

30초 저자
앤디 심슨

특정 위스키병과 디캔터는 매우 현명한 투자가 될 수 있다. 2010년에는 64년산 맥캘란 위스키의 랄리크 시르 페르뒤 디캔터가 경매에서 46만 달러에 낙찰됐다.

위스키의 음미

위스키의 음미
용어

감각 수용 organoleptic 감각기관을 통해 물질의 냄새, 맛, 질감(감촉)을 느끼는 것

글렌캐런 글라스 Glencairn glass 이스트 킬브라이드에 있는 글렌캐런 크리스탈의 설립자인 레이먼드 데이비드슨이 1980년경에 발명했으나 2001년에야 출시한 제품으로 위스키의 향과 맛을 가장 제대로 표현해내도록 디자인됐다.

기본 맛 primary tastes 기본 맛은 단맛, 신맛, 짠맛, 쓴맛이다. 기본 맛 이외의 '맛을 느낀다'고 생각하는 까닭은 사실 코 뒤편의 통로를 통해 후각 상피에 감지된 냄새가 영향을 끼치기 때문이다. 무엇인가를 맛볼 때 코를 막아보면 미각이 억제되는 것을 알 수 있다. 1909년에 일본의 화학자가 5번째 기본 맛인 우마미(감칠맛)를 발견했으나 이는 1990년대에야 인정받았다.

러스티네일 Rusty Nail 스카치와 스카치로 만든 혼성주인 드람뷔를 각각 75% 대 25% 비율로 혼합한 술을 사각 얼음 위에 따라준 다음에 저어준다.

레그 leg 술이 담긴 잔을 흔들면 술잔 내부에서 작은 방울이 흘러내리는 것을 볼 수 있다. 이를 '레그'나 '티어'라고 부른다. 레그가 굵고 천천히 흘러내릴수록 점성이 강한 술이다. 얇고 빨리 흘러내릴수록 가벼운 질감을 지닌다.

롭로이 Rob Roy 하일랜드의 약탈자 이름을 딴 칵테일로서 버번이나 라이 위스키 대신 스카치로 만든 맨해튼(아래 항목 참조)이다. 전문가들은 앙고스투라 비터 대신에 페이쇼드 비터를 추천한다. 여기에 드람뷔를 소량 첨가한 변형 칵테일이 바비번스다.

맨해튼 Manhattan '6가지 기본 칵테일 중 하나'로 알려진 맨해튼은 얼음을 채운 믹싱글라스에 같은 분량의 이탈리안 (스위트) 베르무트와 버번 또는 라이 위스키, 소량의 앙고스투라 비터를 넣고 흔들어 만드는 칵테일이다.

민트줄렙 Mint Julep 양질의 켄터키 버번으로 만드는 고전적인 칵테일로서 주로 길쭉한 금속제 텀블러에 얼음을 채운 후 따라서 내놓는다. 1테이블스푼의 설탕시럽, 2~3방울의 앙고스투라 비터, 민트잎 몇 장을 혼합한 후 살살 으깬다. 여기에 위스키 2온스를 추가해 젓는다. 차가운 줄렙 글라스에 얼음을 채운 다음 앞서 혼합한 술을 따르고 살살 저어서 민트잎으로 장식한다. 켄터키 더비의 공식 음료이기도 하다.

사제락 Sazerac 미국의 세무사이자 믹솔로지스트(칵테일 믹싱 전문가)였던 데이비드 엠버리의 표현에 따르면 "날카롭고 톡 쏘는 맛이 나며 철두철미하게 쌉쌀한 칵테일"이다. 믹싱 글라스에 큼직한 각얼음, 설탕시럽 1티스푼, 페이쇼드 비터

3방울, 스트레이트 라이 위스키 2.5온스를 넣고 저어준다. 차가운 올드패션드 글라스를 압생트로 헹군다. 여기에 믹싱 글라스의 술을 따르고 나선 형태로 깎은 레몬 껍질로 장식한다.

시향nosing 원래 뜻은 '냄새를 맡는 행위'다. 와인의 경우와 달리 위스키를 시음하는 사람들을 '노즈(코)'라고 부르며, 시음회를 '시향 및 시음'이라 한다.

입안의 감각mouthfeel effects 알코올을 입안에 넣었을 때의 질감을 나타내는 표현. 따뜻한, 상쾌한, 매끄러운, 떫은, 발포성 식감 등이 있다.

전개 development 위스키의 향과 맛이 어떻게 변화하는지 나타내는 용어. 또는 위스키의 풍미 프로파일을 음미하는 최종 단계.

점도 혼합 viscimetry 점도가 다른 두 가지 액체가 섞이면 회오리와 소용돌이가 일어나는 점도 혼합 현상이 나타난다. 위스키에 물을 넣을 때도 이 같은 현상을 잠깐 동안 관찰할 수 있다. 액체가 이러한 현상을 만들어내는 능력을 점도 혼합 가능성이라고 부른다.

콧속 느낌 nosefeel effects 알코올의 냄새를 맡을 때 신체에 나타나는 영향을 나타내는 표현. 뜨거운(과도한 알코올 때문에 얼얼하고 톡 쏘는 느낌)과 시원한(멘톨이나 유칼립투스 향이 나며 산뜻한 느낌)으로 나뉜다.

풍미 바퀴flavour wheel 펜틀랜드 스카치 위스키 연구소(에든버러 소재 헤리엇 와트 대학 부설 스카치 위스키 연구소의 전신)가 1978년에 개발한 시각적 도구로서 위스키의 향미 특성을 보여준다. 기본적인 향들이 바퀴의 '중심'을 차지하며 개별 향은 다시 다음 단계로 세분화된다. 이러한 특성 표현은 자신만의 표현을 찾아내는 길잡이 역할을 한다.

하이볼highball 최초의 하이볼은 6온스나 8온스 잔에 스카치와 탄산수를 넣고 얼음을 띄워 내놓는 간단한 형태였지만 그 의미가 확장돼 때로는 얼음을 채운 긴 술잔에 증류주를 기본으로 넣고 여기에 어떤 종류든 탄산음료를 추가한 칵테일을 뜻하기도 한다. 일본에서 '산토리 하이볼'로 재창조돼 엄청난 성공을 거두었다.

후각 수용체olfactory receptors 냄새를 감지하는 기관은 코 상부의 뒤쪽에 있는 후각 상피로, 작고 평평하며 점막으로 덮인 세포조직이다. 인간의 후각은 미각과 비교할 수 없을 정도로 민감하다. 인간에게는 9000개 정도의 미뢰가 있는 반면에 후각 수용체는 5000만 개에서 1억 개 사이에 이른다. 그 덕분에 인간은 극소량으로 희석된 향도 감지할 수 있다.

위스키의 다채로움

30초 핵심정보

3초 맛보기 정보
위스키는 단독으로
마셔도 훌륭하지만
한층 더 창의적인
방식으로 다채롭게
즐길 수 있다.

3분 심층정보
위스키 혼합음료는 전
세계적으로 다양하다.
일본에서는 위스키와
탄산수로 상쾌한 하이볼을
만든다. 미국의 켄터키
더비에서는 민트잎, 설탕,
버번, 탄산수를 재료로 한
민트줄렙으로 축배를
든다. 미국 북부에서는
위스키(전통적으로
캐나다산 라이 위스키),
베르무트, 비터를 혼합한
맨해튼 칵테일의 진한
풍미를 즐기면서 하루를
마무리한다. 라이 위스키
대신에 스카치를 넣으면
롭로이가 된다. 아일랜드의
아이리시커피는 아침의
기운을 북돋운다. 한편
위스키, 약초, 설탕, 꿀,
향신료를 혼합한 드람뷔는
스카치와 궁합이 좋으며,
두 가지를 혼합하면
러스티네일이 된다.

순수주의자는 아무것도 섞지 않은 위스키를 마시는 게 최선의 방법이라고 주장할지도 모른다. 그러나 그 같은 주장을 한다면 위스키란 술의 역사적인 기원을 제대로 이해하지 못한 것이다. 200년 전에는 거칠고 숙성되지 않은 위스키에 약초, 과일, 향신료를 첨가해 풍미를 강화했다고 추정한다. 19세기에 이르면 위스키 펀치와 칵테일이 판매됐다. 대표적인 칵테일이 1830년대 뉴올리언스에서 창조된 사제락이다. 원래는 프랑스산 브랜디를 재료로 하는 칵테일이었지만 나중에는 미국산 라이 위스키와 압생트를 사용하는 방식으로 변형됐다. 그 당시 필록세라 진디가 유럽 포도원을 초토화하는 바람에 전 세계적으로 브랜디 품귀 현상이 일어났으며 그 덕분에 위스키로 관심이 쏠렸다. 바텐더들은 칵테일에 쓸 합리적인 대체품으로 위스키를 선택했다. 20세기에는 이미 대부분의 나라에서 위스키를 캐스크에서 숙성하는 것이 법적인 의무사항이거나 관행이었다. 오크통에서 숙성하면서 원액의 맛이 부드러워졌으며 바닐라, 토피(버터, 설탕, 물로 만드는 쫀득쫀득한 사탕), 톡 쏘는 향신료의 풍미가 났다. 위스키는 과일 풍미, 감칠맛, 단맛, 오크향, 풀 향 등 놀랄 만큼 다양한 향미가 있어 칵테일부터 케이크와 전채에 이르기까지 다양한 음료와 음식에 사용이 가능하다. 이 다채로운 재료를 연구 대상으로 삼고 있는 요리사와 위스키 전문가가 점점 더 증가하는 추세다.

관련 주제
다음 페이지를 참고하라
위스키와 음식 150쪽

30초 저자
앨윈 귈트

잘 알려진 위스키/버번 칵테일로는 (위에서부터 아래 순서로) 사제락, 민트줄렙, 롭로이, 아이리시커피, 러스티네일이 있다.

위스키 서빙

30초 핵심정보

3초 맛보기 정보
위스키를 어떻게 즐기느냐는 개개인의 취향에 좌우된다. 쾌락은 개인적인 감정이다.

3분 심층정보
위스키를 담는 술잔도 중요하다. 요즘 인기 있는 텀블러는 손에 들고 마시기에 편리하지만 입구가 넓어서 위스키 향이 집중되지 않고 퍼지기 일쑤다. 간단히 말해 세련돼 보이지만 격식 없는 음주에 적합하다. 좀 더 고전적인, 몸체가 볼록하고 입구가 좁은 잔은 향을 농축시키므로 감각 수용성을 강화한다.

위스키는 다채로운 술이다. 긴 잔에 마시든 짧은 잔에 마시든, 얼음이나 음료를 넣든 넣지 않든, 칵테일 베이스로 활용하든, 기분을 북돋기 위해서든 진정하기 위해서든, 식전주로든 식후주로든 다양한 방법으로 즐길 수 있다. 위스키의 풍미를 제대로 음미하려면 두 가지 간단한 법칙을 따르면 된다. 먼저 향을 최대로 발산해주는 잔을 사용하라. 그 다음으로 물을 소량 첨가하라. 이렇게 하면 위스키 향이 피어올라서 마시기가 수월해진다. 위스키는 생산자가 가장 적절하다고 생각하는 도수로 병입하기 마련이다. 다시 말해 위스키병에 '캐스크 스트렝스'라고 표시돼 있지 않은 한, 라벨에 표시된 도수로 희석된 상태다. 물을 타서 마실 때는 물에서 (염소나 광물질 등) 냄새나 맛이 나지 않는지 확인해야 한다. 이상적인 물은 위스키가 생산된 지역의 물이다. 자신에게 적합한 도수가 될 때까지 한 번에 한두 방울씩 넣으라. 무더운 날에 위스키에 얼음을 넣으면 신세계를 맛볼 수 있지만 향이 갇힌 상태가 된다. 즉, 향을 구성하는 분자 대부분이 휘발성을 잃어 향이 제대로 나지 않는다. 게다가 이 귀한 술을 어떻게 보관하는지에도 주의를 기울여야 한다. 직사광선이 들지 않는 컴컴한 벽장에 보관하는 것이 최고다. 위스키병은 눕히지 말고 똑바로 세워서 보관해야 한다. 원액이 병입될 때 숙성이 중단되므로 큰 환경 변화가 없는 한 위스키는 오랫동안 원래 상태를 유지한다. 그러나 병을 여는 순간 술에 변화가 일어나기 시작한다는 사실을 명심하라.

관련 주제
다음 페이지를 참고하라
시향과 시음 142쪽
위스키와 음식 150쪽

30초 저자
앨윈 귈트

위스키를 스트레이트로 마시든 '온더록스'로 마시든 잔의 형태가 위스키 음주의 즐거움을 강화하는 열쇠가 된다.

시향과 시음

30초 핵심정보

관련 주제
다음 페이지를 참고하라
위스키의 다채로움 138쪽
위스키 서빙 140쪽
풍미 표현 146쪽

전문가들은 오감 중 네 가지 감각을 동원해 위스키의 품질을 평가한다. 시각, 후각, 촉각, 미각을 사용해 풍미를 평가하는 것이다. 먼저 위스키의 외관(색상, 맑음, 점도 혼합, 점성)을 검토한다. 색상으로 위스키가 어떤 캐스크에서 숙성됐는지를 알 수 있다. 버번 캐스크에서 마무리된 몰트위스키는 금빛이 도는 경향이 있고 셰리 캐스크에서 마무리된 몰트위스키는 더 어두운 색조를 띠는 경향이 있다. 위스키 잔을 흔들 때 잔 내부를 타고 흘러내리는 '레그'는 식감에 대한 정보를 제공한다. 레그가 굵고 천천히 흘러내리면 질감과 점성이 좋은 술이다. 위스키에 물을 추가하면 점도 혼합 현상으로 잠시 동안 소용돌이가 일어나는데, 이 역시 질감과 관련이 있다. 둘째, 위스키의 향을 맡으면서 (가능하면) 그 향이 신체에 미치는 영향 또는 (날카롭거나 톡 쏘거나 따뜻하거나 시원한 느낌 등의) '콧속 느낌'을 확인한 다음에 무슨 향이 나는지, 예를 들어 꿀, 훈연, 오크 향이 깃든 바닐라, 짭짤한 바다 등의 향이 나는지 파악한다. 셋째, 소량을 머금고 질감 또는 '입안의 식감(부드러운지, 기름진지, 떫은지, 입안 가득 퍼지는지)'과 맛(단맛, 신맛/산미, 짠맛, 쓴맛/쌉쌀한 맛)이 어떠한지를 평가한다. 넷째, 향기를 피어오르게 하고 마시기 수월하도록 약간의 물을 첨가한다. 마지막으로 위스키 샘플을 10분 정도 놓아둔 후 다시 냄새를 맡아 어떻게 변화했는지, 즉 어떻게 '전개'됐는지를 확인한다.

3초 맛보기 정보
자기 취향대로 위스키를 즐겨라. 완벽한 음미는 확립된 절차대로 향, 맛, 질감을 탐구할 때 이루어진다.

3분 심층정보
위스키를 음미할 때 향이 매우 중요하기 때문에 향을 최대한도로 발산해주는 잔을 사용할 필요가 있다. 다시 말해 (잔을 흔들 때 술이 회전할 수 있도록) 몸체가 볼록하고 (향을 농축하고 코끝으로 끌어올려주는) 입구가 좁은 잔이 좋다. (개인의 선호도에 따라) 물을 넣어도 향을 느끼는 데 도움이 되지만 얼음은 향을 대부분 없애기 때문에 절대 넣지 말아야 한다. 물을 넣을 때 혼탁해지는 위스키는 냉각 여과 공정을 거치지 않은 제품이다.

3초 인물
레이먼드 데이비드슨(1947~)
글렌캐런 크리스탈의 설립자이자 위스키 시향과 시음에 적합한 '글렌캐런 글라스'를 발명한 인물

리처드 패터슨(1949~)
스코틀랜드의 마스터 블렌더이자 위스키 전문가이며 뛰어난 '후각의 소유자'로 유명하다

30초 저자
찰스 머클레인

위스키를 음미하는 데는 우리의 오감 가운데 네 가지 감각이 필요하다.

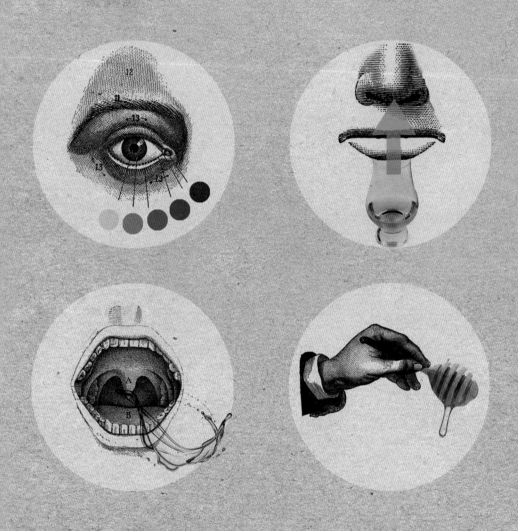

1960
스코틀랜드 렌프루셔 주의 그리녹에서 태어나다. 그의 부모는 위스키 애호가였으며 19세기에 맥주 양조와 증류에 종사한 가문 출신이다

1965~1978
그리녹 아카데미에서 공부하는 동안 생화학과 생물학 등 과학에 애정을 느끼다

1978~1983
글래스고 대학에서 세포생물학과 생화학을 전공해 우등으로 졸업하다. 이때 좋은 품질의 술(주로 맥주와 와인)을 본격적으로 탐구하기 시작하다

1983~1986
헤리엇 와트 대학의 양조학 및 생물학 박사과정에 합격해 발효의 과학을 주제로 박사 논문을 쓰다. 곡물 과학자인 제프 파머 교수에게서 많은 영향을 받다

1984
글렌모렌지와 몰트위스키를 처음 맛보고 나서 위스키 생산 기술 연구를 박사 연구와 병행하기 시작하다

1987
헤리엇 와트 대학 학장의 비서이던 레슬리 호건과 결혼하다

1988
디스틸러스 컴퍼니의 연구원으로 영입되다. 주로 생산의 착수 과정(맥아 제조, 매싱, 발효)에 관여하다. 숙성 기간의 풍미 변화를 전문으로 연구한 짐 베버리지 박사에게서 영감을 받아 위스키의 풍미와 그 근원에 각별한 관심을 품게 되다

1990~1993
몰트 증류소 책임자를 교육하는 과정에 등록해 품질 확인과 곡물 증류 등을 실습하다

1995
글렌모렌지에 증류소 관리자로 입사하다

1998~2012
글렌모렌지 에든버러 본사의 증류소 총책임자로 승진해 위스키 생산 전반을 책임지게 되다

2012
글렌모렌지의 위스키 증류 및 창조 부문 이사로서 경영진에 임명되다

빌 럼스덴

빌 럼스덴은 지난 20년 동안 위스키 혁신의 최전방에서 활동해온 사람이다. 실제로 그에게는 '위대한 혁신가'라는 적절한 수식어가 따른다.

업계에서 '닥터 빌'로 불리는 럼스덴은 글렌모렌지의 위스키 증류와 창조 부문 이사를 맡고 있으며, 스카치 숙성 분야에서 전 세계적인 명성을 얻었다. 특히 마무리 작업에 대한 그의 실험 정신은 널리 알려져 있다. 럼스덴은 다음과 같이 말한다.

"나는 경력 초기부터 제아무리 훌륭한 원액을 만들어내더라도 양질의 오크통에서 숙성시키지 않는 한 좋은 위스키를 얻을 수 없다는 것을 깨달았다."

1995년 초에 글렌모렌지로 이직한 그는 테인 마을의 증류소에서 그 유명한 몰트위스키의 생산을 감독하고 관리할 기회를 얻었고 그곳에서 3년 동안 관리자로 일한 끝에 글렌모렌지의 다른 두 증류소(아일러의 아드벡과 엘긴의 글렌 모레이)도 책임지게 됐다.

럼스덴은 증류소가 위스키 생산 장소만이 아니라 본격적인 실험실이기도 하다고 생각해 일련의 새 제품을 개발하기 시작했다. 처음에는 목재 관리 부서에서 쓰고 남은 목재를 받아 캐스크 종류가 제각각일 때 글렌모렌지의 풍미가 어떻게 달라지는지를 연구했다. 얼마 지나지 않아 그는 위스키를 캐스크에서 완전히 숙성시킬 경우 그 섬세한 특징이 죽는다는 사실을 깨달았다.

럼스덴은 그러한 결과에도 굴하지 않고 '우드 피니싱'이라는 기법을 탐구하기 시작했다. 그 당시에 잘 알려지지 않았던 이 기법은 증류주를 전통적인 방식대로 숙성시키고 풍미를 한 겹 더하려고 이전에 와인이나 다른 증류주를 담았던 캐스크로 옮겨서 최종적으로 몇 달 또는 몇 년 더 숙성시키는 방식이다. 그는 1995년부터 2005년 사이에 20종이 넘는 위스키 신상품을 소개했다. 모두 포트, 셰리, 마데이라, 말라가, 보르도, 소테른, 코냑 등 다양한 와인과 증류주를 담았던 캐스크에서 마무리된 제품들이다. 다른 증류소도 그의 기법을 본떴다.

2005년에 명품 대기업인 LVMH사가 글렌모렌지를 인수함에 따라 럼스덴은 더 많은 실험 기회를 얻게 됐다. 싱글 몰트인 글렌모렌지 시그넷에는 중배전(미디엄 로스팅)을 거친 초콜릿 맥아가 일부 사용된다. 글렌모렌지 투세일은 요즘 들어 희귀해진 마리스 오터 보리 품종을 원료로 한다. 글렌모렌지 이얼란타는 19년 동안 신품 미국산 오크통에서만 숙성된 위스키다. 아드벡 우가달은 각각 버번과 셰리를 담았던 캐스크에서 숙성된 위스키를 배합해서 만든다.

최근 들어 빌 럼스덴 박사는 위스키를 창조하는 동시에 글렌모렌지 주요 브랜드 홍보대사로서 전 세계를 누비고 있다. 현재 여전히 50대인 그에게는 실험실 가운을 접고 은퇴할 때까지 혁신할 시간이 많이 남아 있다.

찰스 머클레인

풍미의 표현

30초 핵심정보

3초 맛보기 정보
풍미를 표현하기란 쉽지 않으며 훈련이 필요하다. 그러나 풍미를 말로 표현하면 주의를 집중시키고 더 잘 알 수 있게 해줄 뿐 아니라 더 잘 음미할 수 있게 해준다.

3분 심층정보
풍미 바퀴에는 몇 가지 기본 향(곡물, 풀, 과일, 나무 등)이 포함돼 있다. 두 번째 줄에서는 기본 향이 다시 세분화되며 세 번째 줄에서는 주관적인 평가에서 사용할 수 있는 어휘가 소개돼 있다. 예를 들어 처음에는 '곡물' 향이 난다고 표현할 수 있으나 훈련을 거듭하면 감각에 평가가 한층 더 정밀해져서 시리얼, 죽, 굵게 빻은 옥수수, 곡식 껍질, 토스트, 통밀 쿠키 등의 '가공된 곡물', 맥아 우유, 맥아 저장고, 말린 홉, 맥아 분유, 마마이트(맥주 효모를 농축하여 빵에 발라 먹는 제품) 등 '몰트' 향으로 세분화할 수 있다는 이야기다.

우리는 '풍미'에 냄새, 맛, 질감이 두루 포함된다는 것을 잊기 쉽다. 냄새는 품질 평가에서 가장 중요한 요소다. 인간의 미뢰는 9000개 정도이지만 후각 수용체는 5000만 개에서 1억 개 사이에 이르며, 극미량의 악취도 감지할 수 있다. 일반적으로 몇 ppm(100만분의 1을 나타내는 단위)의 냄새도 맡을 수 있다. 심지어 몇 ppb(10억분의 1)의 냄새를 감지할 뿐만 아니라 몇 ppt(1조분의 1)의 냄새를 감지할 때도 있다. 이러한 민감성으로 미뤄볼 때 우리는 '인간의 기관'이 그 어떤 발명품보다 더 예민하다는 사실을 알 수 있다. 아직도 사람이 위스키의 품질을 평가하는 이유도 그 때문이다! 그러나 우리 인간은 자신이 발견한 결과물을 남들과 공유해야 하는 법이다. 다만 냄새를 묘사하는 것은 까다롭기로 유명하다. 사용되는 표현은 철저히 객관적/분석적일 수도, 주관적/감각적일 수도 있다. 전자는 관련 교육을 받은 평가자가 제한된 어휘로 표현하는 경우다. 후자는 제아무리 개인적이더라도 곧바로 떠오른 표현을 사용하는 경우로서, 주로 '~같은 냄새가 난다'거나 '~가 연상된다'는 식의 비유를 통해 표현한다. 위스키를 체계적인 언어로 평가하려는 첫 시도는 1978년 펜틀랜드 스카치 위스키 연구소가 선보인 '풍미 바퀴'를 통해 이루어졌다. 일반 소비자 대상의 간이 버전도 개발돼 위스키에 대한 객관적 생각, 신체 감각, 감상을 통합해 표현할 수 있게 됐다.

관련 주제
다음 페이지를 참고하라
위스키의 다채로움 138쪽
위스키 서빙 140쪽
시향과 시음 142쪽

3초 인물
짐 스완 박사(1941~)
펜틀랜드 연구소의 풍미 바퀴를 개발한 연구진 중 하나이며 현재는 신규 증류소 건설에 대한 자문을 주도적으로 제공하고 있다.

30초 저자
찰스 머클레인

펜틀랜드 바퀴는 위스키 업계 사람들을 대상으로 개발됐다. 여기 소개된 일러스트레이션은 8가지 기본 향을 보여주는 간이 버전이다(좀 더 자세한 버전은 9쪽을 참고하라).

숙성 연수 표기

30초 핵심정보

3초 맛보기 정보
위스키에 숙성 연수를 표기할 경우 법에 따라 함유된 원액 중 가장 어린 원액의 숙성 연수를 표기해야 한다.

3분 심층정보
최근 들어 스카치 위스키와 미국 버번의 매출이 늘어나면서 증류소에 비축된 숙성 원액의 재고가 부족해졌다. 그에 따라 증류소들이 기존 제품에서 숙성 연수 표기를 제거하거나 새로운 숙성 연수 미표기 제품을 출시하기에 이르렀고, 숙성 연수 미표기 제품이 숙성 연수 표기 제품보다 품질이 떨어지지 않는다며 소비자들을 설득하고 있다. 당연한 일이지만 숙성 연수 미표기 위스키는 대체로 좀 더 어린 원액을 일정량 함유하고 있으며 품질은 제각각이라서 다른 제품보다 품질이 더 훌륭하거나 별로인 제품이 존재한다. 숙성 연수 미표기 위스키가 바람직한가에 대한 소비자의 의견도 제각각이다.

위스키가 상업화된 이후로 한참 동안 숙성 연수는 고려 대상이 아니었다. 위스키는 갓 증류되거나 숙성이 얼마 되지 않은 상태일 때 소비되는 술이었다. 영국에서 판매용 스카치 위스키의 최소 숙성 연수가 최초로 법제화된 때는 1915년이었다. 이때 주류통제국은 군수공장 근로자의 만취를 방지하는 조치로서 위스키의 최소 숙성 연수를 2년으로 규정했다. 갓 증류된 술을 마시면 숙성된 술을 마실 때보다 더 심한 만취 상태에 빠진다고 여겼기 때문이다. 1916년에는 최소 숙성 연수가 3년으로 늘어났다. 20세기 들어서 한참 동안 스카치 위스키는 대부분 5~10년 숙성된 상태로 판매됐지만 1906년 조니 워커가 자사의 블랙라벨 브랜드에 12년이라는 숙성 연수를 기재했고 그 결과 매출이 치솟았다. 사실 소비자들은 숙성 연수와 품질을 동의어로 간주하는 경향이 있다. 그러나 현실은 그렇게 단순하지만은 않다. 현재 많은 기성 증류소가 12~18년은 물론 25년 동안 숙성된 제품들을 판매하고 있지만 아드벡, 글렌모렌지, 브룩라디 같은 일부 증류소는 새로 출시하는 대부분의 제품에 숙성 연수를 표기하지 않기로 방침을 정했다. 이러한 제품을 숙성 연수 미표기(NAS) 위스키라고 한다.

관련 주제
다음 페이지를 참고하라
스카치와 그 이외 위스키 18쪽
버번 98쪽

30초 저자
개빈 스미스

숙성 연수는 위스키가 캐스크 안에서 숙성된 기간을 가리킨다. 가장 나이가 많은 위스키는 고든 앤드 맥페일에 의해 병입된 모틀락으로 75세에 달한다.

위스키와 음식

30초 핵심정보

위스키와 음식을 성공적으로 짝지으려면 감각적인 평가를 바탕으로 해야 한다. 항상 그 위스키 특유의 향과 맛을 파악하고, 그런 다음에 해당 위스키의 풍미와 어울리거나 대조되는 최상의 재료를 찾아내는 일을 시작해야 한다. 예를 들어 시큼하거나 쌉쌀한 향이 나는 위스키는 꿀맛이 나는 소스로 균형을 맞출 수 있다. 질감에도 같은 원칙이 적용된다. 부드러운 식감의 위스키와 함께 아삭아삭한 채소를 내어 대비를 이루거나 진하고 부드러운 위스키에 크림소스를 곁들여 위스키의 질감을 극대화할 수 있다. 위스키와 요리는 각자 독특한 풍미와 개성이 있다. 잘만 조화되면 제3의 특징이 생기고 새로운 풍미가 만들어질 수도 있다. 위스키가 숙성되는 캐스크 종류도 음식과의 조화에서 고려해야 할 주요사항이다. 버번 캐스크에서 숙성된 위스키는 가볍고 산뜻하며 새 오크통 특유의 달콤한 카라멜 향과 바닐라 향을 풍기는 경향이 있다. 이러한 위스키는 어류, 조개류, 샐러드, 조류, 과일, 커스터드 디저트와 궁합이 맞는다. (특히 유럽산 오크로 만든) 셰리 캐스크에서 숙성을 거친 위스키는 탄닌감이 좀 더 강하며 붉은 살코기(소고기, 사슴고기), 진한 소스, 건포도, 말린 대추야자, 잘 숙성된 치즈, 초콜릿과 더 잘 어울린다. 피트 향이 있는 위스키는 조개류(특히 굴), 블루치즈, 감귤류 과일과 완벽한 짝을 이루지만 훈제된 음식과는 훈연 향이 충돌할 수 있으므로 같이 곁들이지 않도록 주의해야 한다.

관련 주제
다음 페이지를 참고하라
숙성 62쪽
시향과 시음 142쪽

3초 인물
올리비에 룄랑제(1955~)
프랑스의 셰프이자 미식 평가에 있어 탁월한 전문 지식을 지닌 향신료 배합 전문가

30초 저자
마르틴 누에

3초 맛보기 정보
위스키와 음식의 페어링할 때는 풍미와 질감이 잘 어울리는 짝을 찾아서 조화와 균형을 이루는 것이 중요하다.

3분 심층정보
위스키를 요리 재료로 쓸 때도 페어링과 같은 원칙이 적용된다. 재료를 위스키에 잠깐 재우거나 팬에 눌어붙은 육즙에 섞어 소스를 만들거나 뜨거운 음식에 위스키를 분무하는 등의 기법은 요리의 맛을 좋게 하지만 위스키를 이용한 플랑베(고온에서 조리되는 음식에 도수가 센 술을 붓고 불을 붙여 알코올을 날리는 기법)만큼은 피해야 한다. 알코올이 증발하면서 위스키의 풍미도 증발하기 때문이다. 경고사항을 하나 더 덧붙이자면 마늘과 위스키의 페어링도 삼가야 한다. 제아무리 강렬한 위스키라도 마늘의 알싸한 풍미에 압도당하기 때문이다. 마늘은 흡혈귀뿐만 아니라 위스키도 죽인다.

위스키와 음식의 페어링 시에는 위스키가 어떤 종류의 캐스크에서 숙성됐는지 확인해야 그 위스키와 잘 어울리는 음식을 낼 수 있다.

위스키 축제

30초 핵심정보

역사상 최초의 위스키 축제는 1992년에 켄터키 주 바즈타운에서 간단한 저녁 행사로 시작해 현재는 해마다 개최되는 켄터키 버번 축제일 것이다. 켄터키 버번 축제는 1주일 동안 진행되며 남녀노소를 대상으로 한 다양한 이벤트가 열린다. 1998년에 존 한셀과 에이미 한셀이 뉴욕에서 시작한 위스키페스트는 현재 시카고, 샌프란시스코, 워싱턴 D.C.에서 1일 행사로 열리고 있다. 영국도 2000년에 이와 비슷한 행사인 위스키 라이브 런던을 시작했다. 현재 이 축제는 호주, 프랑스, 아일랜드, 남아프리카, 일본, 타이완 등의 다른 나라로도 전파됐다. 2000년은 스페이사이드 증류주 축제가 시작된 해이기도 하다. 스페이사이드의 250여 개 공간에서 열리는 5일 동안의 행사다. 2001년부터는 아일러 섬에서 피스 아일 축제가 개최되고 있다. 8일 간의 축제 기간 동안 아일러의 모든 증류소가 일반 관람객들에게 시설을 개방한다. 유럽 곳곳에서도 무수한 축제가 열리고 있다. 독일 림부르크의 위스키 박람회는 이틀 동안 열리며 수집가들 사이에서 인기가 높다. 한편 네덜란드에서는 헤이그의 인터내셔널 위스키 축제와 그로닝겐의 네덜란드 북부 위스키 축제라는 위스키 축제가 사흘 동안 열린다. 이런 축제는 시향과 시음 관련 마스터 클래스를 제공할 뿐만 아니라 위스키라는 고귀한 증류주를 기리는 서적, 의류, 식품, 상품을 판매하는 등 다양한 즐길거리를 제공한다.

3초 맛보기 정보
다양한 위스키, 위스키 생산자, 취향이 비슷한 애호가들과 친해질 좋은 방법은 위스키 축제에 참여하는 것이다. 전 세계적으로 위스키 축제는 매년 개최된다.

3분 심층정보
점점 더 많은 위스키 축제가 개최됨에 따라 자유로운 영혼의 위스키 애호가들이 수천 명씩 모여 열정을 공유할 수 있게 됐다. 가장 기발하면서도 느긋한 분위기의 축제는 우드스톡을 모델로 한 몰트스톡 축제로서 매년 9월 초에 네덜란드 네이메헌의 숲속 야영장에서 열린다. 세계 각국의 애호가들이 이곳에 자신이 소유한 위스키를 들고 몰려들어 주말 내내 먹고 마시며 음악과 대화를 즐긴다.

3초 인물
존 한셀(1960~)
미국의 작가이자 (훗날 <위스키 애드보킷>으로 개명한) 위스키 잡지 <몰트 애드보킷>의 발행인. 1998년에 자신이 운영하는 잡지의 행사로서 위스키페스트를 창설했으며 현대적인 위스키 축제의 창시자로 평가된다.

30초 저자
한스 오프링가

위스키 축제는 갈수록 인기를 더해가고 있으며 최근 수십 년에 걸쳐 그 숫자가 무수하게 불어났다. 이제 세계 각국에서 축제가 개최되고 있다.

이 책에 참여한 이들

편집자

찰스 머클레인 Charles MacLean은 <더 타임스>의 표현에 따르면 "스코틀랜드의 대표적인 위스키 전문가"다. 그는 35년 동안 위스키를 주제로 연구하고 글을 써왔으며 15권의 책을 냈다. (1997년에 창간된) <위스키 매거진>의 창간 편집인이며, 각종 매체에 정기적으로 글을 기고할 뿐 아니라 위스키의 역사에 대한 자료와 대표적인 스카치 위스키 회사들의 홍보물을 작성해왔다. 1992년에 키퍼스 오브 더 퀘익의 회원으로 선출됐고 2009년에 마스터 오브 더 퀘익으로 승격했다.

머리말

이안 벅스턴 Ian Buxton은 30여 년 간 주류 산업에서 경력을 쌓은 작가이자 평론가 겸 컨설턴트다. 업계지와 소비자 잡지에 글을 기고하고 있으며 베스트셀러가 된 《죽기 전에 마셔봐야 할 101가지 위스키(101 Whiskies to Try Before You Die)》를 포함한 그의 저서들은 8개국어로 번역됐다.

저자

다뱅 드 케르고모 Davin de Kergommeaux는 《캐나디안 위스키: 휴대용 전문서(Canadian Whisky: The Portable Expert)》로 상을 수상한 작가다. 대학에서 6년 동안 위스키에 쓰이는 곡물을 공부한 이후부터는 벽돌 만들기, 음악 연주, 정원 가꾸기를 그만두었다. 캐나디안 위스키 상(Canadian Whisky Awards)을 창설했으며, canadianwhisky.org에 캐나디안 위스키에 관한 시음 노트를 올리고 있다. 케르고모의 각종 SNS 계정 이름은 @Davindek다.

앨윈 귈트 Alwynne Gwilt는 영국 윌리엄 그랜트 앤드 선즈에 소속된 위스키 전문가다. 귈트는 2011년에 미스 위스키(Miss Whisky)라는 위스키 블로그를 시작했으며, 최초의 여성 위스키 블로거 중 하나다. 위스키 업계 10대 여성으로 선정된 바 있다. 그녀는 전 세계 다양한 잡지와 신문에 글을 기고하며 영국 전역에서 위스키 시음회와 교육을 진행해왔다.

앵거스 맥레일드 Angus MacRaild는 에든버러 리스에서 활약하는 프리랜서 위스키 작가다. 위스키 경매에 참여한 경력이 있으며 오래되고 희귀한 위스키에 관한 한 최고로 꼽히는 권위자다. 영국과 유럽 전역에서 희귀한 위스키의 시음회를 주기적으로 진행해왔으며 다양한 온라인 매체와 인쇄 매체에 글을 싣고 있다.

마르친 밀러 Marcin Miller는 키퍼스 오브 더 퀘익의 마스터 회원이자 진 길드의 정제 전문가이며 더 워십풀 컴퍼니 오브 디스틸러스(The Worshipful Company of Distillers)의 조합원이다. <위스키 매거진>의 창간 발행인이며 다수의 책과 잡지에 글을 싣고 있다. 2006년에는 넘버원 드링크스 컴퍼니(Number One Drinks Company)를 설립했으며, 최근에는 일본 최초의 진 전문 증류소 설립 프로젝트에 참여했다.

아서 모틀리 Arthur Motley는 로열 마일 위스키(Royal Mile Whiskies)와 드링크몽거(Drinkmonger)의 이사이며 2000년에 스카치 몰트위스키 협회의 캐스크 구매자로 시작하여 경력 기간 내내 위스키 구매를 담당해왔다. 모틀리는 키퍼스 오브 더 퀘익과 샴페인 아카데미의 회원임에 자부심을 느낀다.

마르틴 누에 Martine Nouet는 프랑스 태생 언론인이며 식품과 음식 전문 저술가다. 누에는 위스키 업계의 새로운 트렌드를 선도했다. 위스키와 잘 어울리는 음식의 페어링이라는 감각적인 영역을 개척한 것이다. 그녀는 2012년 4월에 마스터 오브 더 퀘익으로 승격됐다.

피어넌 오코너 Fionnán O'Connor는 아일랜드 더블린에 거주하는 주류 평론가이자 역사학자로 현재 아이리시 위스키 협회의 위원을 맡고 있다. 위스키 업계의 간행물에 칼럼을 기고해왔으며 최근에는 유럽연합에서 아이리시 위스키 부문을 대표했다. 2015년 저서 《잔 하나를 사이에 두고: 아이리시 단식 증류 위스키(A Glass Apart: Irish Single Pot Still Whisky)》를 펴냈다.

한스 오프링가 Hans Offringa는 2개국어에 능통한 작가이자 매체 전문가로서 1990년부터 위스키에 관한 글을 쓰고 발표를 진행해왔으며 세계 각국에서 25권 이상의 저서와 수백 개의 기사를 발표했다. <위스키 매거진>의 유럽 객원 편집인이며 명예 스코틀랜드인(Honorary Scotchman), 켄터키 커널(Kentucky Colonel, 켄터키 주에서 지역사회에 공로가 있는 사람에게 수여하는 명예직), 키퍼스 오브 더 퀘익의 회원 등으로 임명됐다.

앤디 심슨 Andy Simpson은 키퍼스 오브 더 퀘익의 회원이며 16세부터 위스키 수집에 열을 올려왔다. 현재는 전문적인 위스키 가치평가사, 스카치 중개업자, 스카치 컨설턴트로 일하고 있다. 심슨은 희귀 위스키 전문 웹사이트 <레어 위스키 101(Rare Whisky 101)>의 공동 설립 이사이기도 하며, 언론 매체에 정기적으로 논평과 분석을 제공하고 있다. 특히 <파이낸셜 타임스>, <월스트리트 저널>, <뉴욕 타임스>, <포브스>, <GQ>, <가디언>을 비롯해 주류 전문 매체와 그 이외 여러 간행물에 이름을 올려왔다. 현재 아내 케이트, 어린 아들 제이콥과 스코틀랜드의 전원 퍼스셔에 거주하고 있다.

개빈 스미스 Gavin D. Smith는 스코틀랜드에서 활동하는 위스키 전문 프리랜서 작가다. 위스키만을 다룬 20여 권의 책에 저자 또는 공동 저자로 참여해왔다. 언론인이기도 한 스미스는 폭넓은 주류 전문 매체에 정기적으로 글을 기고하고 있으며 <위스키 매거진>의 스코틀랜드 지역 편집인으로 위촉됐다. 스미스는 스카치위스키 닷컴(www.scotchwhisky.com)과 커팅스피릿 닷컴(www.cuttingspirit.com) 등의 웹사이트에 정기적으로 글을 올리고 있다. 그 이외에도 대표적인 주류회사의 의뢰를 받아 각종 자료를 집필하는 한편 위스키 행사를 주관해왔다.

정보 출처

참고 서적

A Glass Apart:
Irish Single Pot Still Whiskey
Fionnán O'Connor
(The Images Publishing, 2015)

À Table: Whisky from
Glass to Plate
Martine Nouet
(Ailsa Press, 2016)

American Whiskey,
Bourbon & Rye: A Guide
to the Nation's Favorite Spirit
Clay Risen
(Sterling Epicure, 2013)

Canadian Whisky:
The Portable Expert
Davin de Kergommeaux
(Appetite by Random House;
2nd edn, 2017)

Goodness Nose: The
Passionate Revelations of a
Scotch Whisky Master Blender
Richard Paterson &
Gavin D. Smith
(Neil Wilson Publishing, 2010)

Irish Whiskey: A History of
Distilling in Ireland
E.B. McGuire
(Gill and Macmillan, 1973)

Japanese Whisky, Scotch
Blend: The Japanese Whisky
King and His Scotch Wife
Olive Checkland
(Scottish Cultural Press, 1998)

Malt Whisky Yearbook 2017
Ingvar Ronde
(MagDig Media Ltd, 2016)

Peat Smoke and Spirit:
A Portrait of Islay and
its Whiskies
Andrew Jefford
(Headline, 2005)

The Best Collection of
Malt Scotch Whisky
Valentino Zagatti
(Formagrafica, 1999)

The Rise and Fall
of Prohibition
Daniel Okrent
(Scribner, 2010)

The World Atlas of Whisky
Dave Broom
(Mitchell Beazley; 2nd edn, 2014)

Scotch Whisky: A Liquid History
Charles MacLean
(Cassell Illustrated, 2005)

Whisky Aeneas MacDonald
(Canongate, 2007 [originally
published 1930])

Whisky-do: The Way of
Japanese Whisky
Dave Broom
(Mitchell Beazley, 2017)

Whisky Opus
Gavin D. Smith & Dominic
Roskrow
(Dorling Kindersley, 2012)

Whiskey Women: The
Untold Story of How
Women Saved Bourbon,
Scotch, and Irish Whiskey
Fred Minnick
(Potomac Books, 2013)

축제

켄터키 버번 페스티벌
Kentucky Bourbon Festival
매년 가을 바즈타운에서 1주일 동안 열리는 축제. 세계 10여 개국의 5만 명 넘는 사람들이 30여 개 행사에 참여한다.

켄터키 버번 트레일
Kentucky Bourbon Trail
엄선된 증류소와 버번 브랜드 본사 방문과 시음 등의 인상적인 체험을 제공하는 공식 코스.

몰트스톡 Maltstock
매년 9월 초 주말에 네덜란드 네이메헌에서 열리는 축제. 축제의 하이라이트는 위스키 퀴즈, 디톡스 산책, 바비큐 파티, 모닥불 체험 등이다.

림부르크 위스키 박람회
The Whisky Fair, Limberg
유럽 최대 규모이자 가장 중요한 위스키 축제.

런던 위스키 쇼
The Whisky Show, London
영국 최대 규모이자 가장 중요한 위스키 축제로서 아마추어와 전문가 모두를 대상으로 한다.

유통업체

고든 앤드 맥페일
Gordon & MacPhail
원래 1895년에 스코틀랜드 엘긴에서 식품점으로 설립된 이곳은 그 후 엄청난 규모로 성장했다. 100년 넘게 캐스크를 구입하고 병입해왔으며 최근에는 역사상 가장 숙성 연수가 오래된 위스키 모틀락 75년을 병입했다. 1998년에는 벤로막 증류소를 인수했다.

로열 마일 위스키
Royal Mile Whiskies
1991년에 에든버러에서 설립되어 1995년에 키어 소드(Keir Sword)에 매각된 유통업체로서 온라인 유통으로 승승장구 중이며 2002년부터 런던 매장을 운영하고 있다. 다양한 종류, 친절한 응대, 현실성 있는 전략으로 높은 평가를 받는 기업이다.

위스키 익스체인지
The Whisky Exchange
수킨더 싱은 10년 남짓한 기간 동안에 열정적인 수집가에서 가장 영향력 있는 주류 유통업계 거물로 변신했다. 온라인 사업으로 시작하여 현재는 런던 코벤트 가든에도 매장을 냈는데, 이곳에는 현재 시중에 나와 있는 수많은 고급 위스키가 진열되어 있다.

웹사이트

캐나디안 위스키
Canadian Whisky
www.canadianwhisky.org
캐나디안 위스키를 다룬 작가 다벵드 케르고모의 블로그.

일본 위스키 Japanese Whisky
nonjatta.blogspot.com
일본 위스키의 현황을 종합적이고 독립적인 관점으로 안내하는 웹사이트.

레어 위스키 101
Rare Whisky 101
www.rarewhisky101.com
투자 상품으로서의 스카치에 대한 업계 표준 지표를 제공하는 위스키 자문 사이트.

스카치 위스키 Scotch Whisky
www.scotchwhisky.com
스카치 위스키의 세계를 광범위하게 안내하는 웹사이트로서 위스키피디아(Whiskypedia, 위스키 백과사전) 항목으로 유명하다.

감사의 말
이미지 제공

출판사는 이 책을 위해 이미지의 재생산을 너그러이 허용해준 개인과 조직에 감사를 전하고자 한다. 이미지 출처를 기재하기 위해 최선을 다했다. 그러나 의도치 않게 일부 누락이 발생했다면 사죄를 빈다. 모든 이미지는 따로 명시된 경우를 제외하고 셔터스톡이나 클립아트 닷컴을 출처로 한다.

Adelphi Distillery: 119C. **Alamy**: 916 collection: 33TR; Chris James: 131TL; Doug Houghton SCO: 75T; DV Oenology: 131BSR; Gary Doak: 133SL; Granger Historical Picture Archive: 31C; Heritage Image Partnership Ltd: 117TL; John Peter Photography: 87C; Lordprice Collection: 35B, 35C, 35CR, 35T; Scottish Viewpoint: 77BL; travelib: 31BR; Universal Images Group North America LLC / DeAgostini: 77C, 126, 133FR, 131BSL. **Andy Simpson**: 131FL; 131FR; 131TR. **Asahi Beer**: 106. **Ben Nuttall (via Flickr)**: 83TC. **Beam Suntory**: 38; 99BL. **Bladnoch Distillery**: 83BL. **British Library**: 33TC; 79C. **Bridgeman Images**: 33C. **Brown-Forman Corporation**: 글렌드로낙의 이미지는 벤리악 디스틸러리 컴퍼니가 제공했다. 글렌드로낙은 벤로막 증류소의 등록된 상표다: 79T, 79B, 79FL, 79FR, 149; 잭 다니엘스의 이미지는 잭 다니엘스 프로퍼티의 제공에 의한다. 잭 다니엘스는 잭 다니엘스 프로퍼티의 등록된 상표다: 19FL, 101BL; 우드포드 리저브의 이미지는 브라운-포먼 주식회사의 제공에 의한다. 우드포드 리저브(Woodford Reserve)는 브라운-포먼 주식회사의 등록된 상표다: 99TR. **Charles MacLean (Whisky Magazine)**: 9. **Diageo**: 19SR; 75BR; 81BC. **Dominic Lockyer (via Flickr)**: 97TL. **Getty Images**: De Agostini Picture Library: 57CFR; Jeff J. Mitchell: 133TCL, 133TCR; Mike Clarke: 133TC; Science & Society Picture Library: 31TR, 35C, 117TCL; Tim Graham: 57BFR, 91CR. **Glenmorangie**: 75C. **Glenora Distillers**: 103SL. **Heaven Hill**: 99TL. **Hood River Distillers**: 103FR. Ian MacLeod Distillers: 77T. **iStock**: 77CFR; 81BC; 81CL; 89C. **John Distilleries**: 109BR. **Lark Distillery**: 109BL; 109R. **Library of Congress, Washington DC**: 37C; 41TC; 41BL; 41BR; 43C (warehouse background); 45BC; 45C; 77C; 101TC; 101C; 103C; 105CR. **Library and Archives Canada**: 43B. **National Library of Ireland**: 63B. **Nigab Pressbuilder (via Flickr)**: 97TC. **Number**

One Drinks Company: 45CL; 45CT; 45CR; 105TL; 105BL–R; 105C. The Keepers of the Quaich: 121C, 121B. The Scotch Malt Whisky Society: 125T; 125CR. Svensk Whisky AB: 111C. The Whisky Exchange: 129C (window display). Topfoto: Mike Wilkinson: 64. Valerie Hinojosa (via Flickr): 57BC. Wellcome Library, London: 21TC; 21C; 22; 22; 25C; 25T; 25B; 103TL. Whyte & Mackay: 75BL. Wikimedia Commons: Rvalette: 22SR; Brian Stansberry: 101TL. William Grant & Sons: 84. William Murphy (via Flickr): 97CR. Stephen Yeargin (via Flickr): 101BC.

그 이외에도 자사에 대한 언급을 너그러이 허락해준 기업들에도 감사를 전하고자 한다.

Amrut Distilleries: 109TL. Ardbeg Distillery: 89L. Asahi Beer: Nikka Whisky: 19FR. Beam Suntory: Ardmore: 79B; Auchentoshan: 83BR; Bowmore: 89R, 131FR; Canadian Club: 103SR; Glen Garioch: 79B; Hiram Walker & Sons: 43C; Jim Beam: 99BR; Laphroaig: 89C; Maker's Mark: 99C. Bladnoch Distillery: 83TR. Burn Stewart Distillers: Deanston: 81TL, 81BL. Chivas Brothers: Green Spot: 97TR; Redbreast: 19C; The Glenlivet: 31BC, 31BR, 87T & BL, 117TR. Diageo: Bell's: 117TL; Clynelish: 75BR; Crown Royal: 19SL, 103FL; George Dickel: 101TC; Johnnie Walker: 19SR, 31TR, 117TL; Oban: 77BC; Talisker: 91TR, 91BR. Gordon & MacPhail: 131BCL, 133BL. Signatory Vintage Scotch Whisky Co. Ltd.: Edradour: 81BR. Springbank Whisky: 77C; 77BR; 131TL; 133TCL. Teeling Whiskey: 97TL. Whyte & Mackay: Jura: 91C (x2). William Grant & Sons: Balvenie: 87BC; Glenfiddich: 87BR, 133TCR; Tullamore Dew: 97TC.

위스키 인덱스